外国文艺理论丛书

悲剧的诞生

〔德〕尼 采 著
赵登荣 译

人民文学出版社
PEOPLE'S LITERATURE PUBLISHING HOUSE

Friedrich Nietzsche
DIE GEBURT DER TRAGÖDIE ODER
GRIECHENTUM UND PESSIMISMUS

图书在版编目（CIP）数据

悲剧的诞生／（德）尼采著；赵登荣译．—北京：人民文学出版社，2022
（外国文艺理论丛书）
ISBN 978-7-02-016032-7

Ⅰ.①悲… Ⅱ.①尼… ②赵… Ⅲ.①美学理论—德国—近代 Ⅳ.①B83-095.16

中国版本图书馆 CIP 数据核字（2022）第 021206 号

责任编辑	欧阳韬
装帧设计	黄云香
责任印制	王重艺

出版发行	人民文学出版社
社　　址	北京市朝内大街 166 号
邮政编码	100705
印　　刷	三河市鑫金马印装有限公司
经　　销	全国新华书店等
字　　数	106 千字
开　　本	880 毫米×1230 毫米　1/32
印　　张	5.875　插页 3
印　　数	1—3000
版　　次	2022 年 4 月北京第 1 版
印　　次	2022 年 4 月第 1 次印刷
书　　号	978-7-02-016032-7
定　　价	49.00 元

如有印装质量问题，请与本社图书销售中心调换。电话：010-65233595

酒神和阿里阿德涅 〔意〕提香 绘

萨提尔在农民家里狂欢　雅各布·约丹斯 绘

变　貌　〔意〕拉斐尔 绘

盗天火的普罗米修斯　延·科西尔斯 绘

出版说明

"外国文艺理论丛书"的选题为上世纪五十年代末由当时的中国科学院文学研究所组织全国外国文学专家数十人共同研究和制定,所选收的作品,上自古希腊、古罗马和古印度,下至二十世纪初,系各历史时期及流派最具代表性的文艺理论著作,是二十世纪以前文艺理论作品的精华,曾对世界文学的发展产生过重大影响。该丛书曾列入国家"七五""八五"出版计划,受到我国文化界的普遍关注和欢迎。

进入新世纪以来,随着各学科学术研究的深入发展,为满足文艺理论界的迫切需求,人民文学出版社决定对这套丛书的选题进行调整和充实,并将选收作品的下限移至二十世纪末,予以继续出版。

人民文学出版社编辑部
二〇二二年一月

目　次

自我批评的尝试 …………………………………………… *1*

前言
　——致理查德·瓦格纳 ………………………………… *17*
　一 …………………………………………………………… *19*
　二 …………………………………………………………… *28*
　三 …………………………………………………………… *33*
　四 …………………………………………………………… *38*
　五 …………………………………………………………… *43*
　六 …………………………………………………………… *52*
　七 …………………………………………………………… *60*
　八 …………………………………………………………… *67*
　九 …………………………………………………………… *75*
　十 …………………………………………………………… *84*

十一	*89*
十二	*96*
十三	*104*
十四	*109*
十五	*115*
十六	*121*
十七	*128*
十八	*135*
十九	*141*
二十	*150*
二十一	*155*
二十二	*163*
二十三	*169*
二十四	*175*
二十五	*180*

自我批评的尝试*

一

这本仁者见仁、智者见智的书究竟缘何而写,这无疑是一个极具吸引力的头等问题,同时又是一个深刻的个人问题。为此作证的是这本书产生的年代,即 1870—1871 年激动人心的普法战争年代,它是**不顾**这样的战争年代写成的。当沃尔特①战役的隆隆炮声响彻欧洲时,本书作者,这位沉思者和谜语爱好者,却独坐在阿尔卑斯山的一隅,完全沉浸在冥思苦想之中,因而一方面是满腹忧虑,另一方面又可说无忧无虑,他就这样写下他的有关**希腊人**的种种随想——这本奇特而又难解的书的核心部分。本文是为该书写的序(或者说跋)。几星期后,他身陷梅斯②城里,依然摆脱不了他

---

* 这是尼采于 1886 年为《悲剧的诞生》写的序。——译注(书中注释皆为译注。)
① 德国西南部傍莱茵河小城,普法两军曾在此激战。
② 又译麦茨,法国东北部城市,罗马帝国时代建立城堡,1871—1918 年属德国。

针对希腊人和希腊艺术的所谓"达观"提出的疑问;直到最后,在那最紧张的一个月里,当凡尔赛和谈进行之际,他也和自己达成和解,逐渐治愈了从战场带回的疾病,终于把《悲剧从**音乐**精神中的诞生》一书写成了。——从音乐中?音乐和悲剧?希腊人和悲剧音乐?希腊人和悲观主义艺术作品?迄今为止人类中最健壮、最优美、最令人羡慕、最富人生魅力的种类,这些希腊人——怎么了?偏偏他们**需要**悲剧?而且——还需要艺术?希腊艺术有何功能?……

  人们大概已经猜到,关于生存价值的大问号画在了什么地方。难道悲观主义**必定**是毁灭、衰落、失败的标志,疲惫而虚弱的本能的标志?—— 如同在印度人以及——种种迹象表明——我们"现代人"和欧洲人身上那样?是否有一种**强者**的悲观主义?一种因幸福舒适、健康无比、生活**充实**而生发的对于生活中的艰辛、恐怖、邪恶、疑难问题的理智的偏爱?也许有一种过于充实而生的痛苦?一种目光敏锐以求一试的勇敢,**渴求**可怕的事物,犹如渴求敌手,渴求真正的敌手,以便考验自己的力量,体验什么叫害怕[1],在最美好、最强大、最勇敢的时代的希腊人那里,**悲剧神话**意味着什么?宏大的狄俄尼索斯[2]现象意味着什么?从这个现象中诞生的悲剧意味着什么?——另一方面,导致悲剧消亡的是道德的苏格拉底

---

[1] 影射瓦格纳的剧本《西格弗里德》。
[2] 狄俄尼索斯,希腊神话中的酒神和植物神。

主义、辩证法、理论型的人易于满足和生性快乐吗？——怎么，难道不正是这种苏格拉底主义可能是毁灭、疲惫、疾病、错乱解体的本能的征象吗？难道后期希腊精神的"希腊达观"只是一种回光返照？**反**悲观主义的伊壁鸠鲁意志只是受苦者的谨慎？还有科学本身，我们的科学——不错，全部科学，如果把它看作生命的象征，究竟意味着什么？全部科学向何处去，更糟的是，它**来自何处**？科学性也许只是对悲观主义的惧怕和逃避，是吗？是**真理**的一种巧妙防卫？说得好听一点，是类似怯懦和虚伪的东西？说得不好听一点，是狡猾？噢，苏格拉底，苏格拉底，也许这就是你的秘密？噢，神秘的冷嘲者，也许这就是你的——冷嘲？

二

当时我要抓住的是某种可怕的、危险的东西，是一个带角的问题，虽说未必是一头公牛，但无论如何是一个新问题。今天我要说，那是**科学本身的问题**——科学第一次被视为成问题的、可怀疑的东西。然而，本书的任务原本不适合于青年，而我当时写这本书时年轻气盛、大胆怀疑，这是一本多么不像样的书啊！它纯粹建构在超前的、极不成熟的个人体验的基础上，而这些体验全都介于可表达与不可表达之间，它被置于艺术的基础之上——因为科学问题不能在科学的基础上被认识。这也许是一本为那些兼有分析和反省能力的艺术家（即艺术家中的例外类型，人们不得不寻找而又不愿寻找的那一类型)写的书,充满心理学的创见和艺术家的奥秘,其背景是艺术家的形而上学,一部充满青年人的勇气和青年人的忧伤的青年之作,即使在它似乎屈从于某种权威和自我崇敬之时,它也是独立不羁,傲然而立。简言之,尽管它处理的是个古老的问题,尽管它患有青年人的种种毛病,尤其是"铺张冗长""狂放不羁",它仍不失为一部首创之作,哪怕是从这个词的种种贬义上说。另一方面,鉴于它所取得的成功(尤其是在伟大的艺术家理查德·瓦格纳身上,本就像是与他的一场对话),可以说这是一部**得到了验证**的书,我的意思是,这是一本至少让"那个时代的最优秀人物"①满意的书。因此,我本该体谅它,不对它说三道四;然而,我依然忍不住要说,现在我觉得它多么别扭,事隔十六年,它在我面前是多么陌生——我现在有了一双更加老练、更加挑剔,然而热情不减当年的眼睛,这双眼睛对于这本大胆的书首次从事的任务本身并没有变得更加生疏,这任务就是:**用艺术家的眼光考察科学,用人生的眼光考察艺术……**

三

再说一遍,今天我觉得,这是一本不像样的书——我要说写得

---

① 参见席勒剧本《华伦斯坦》第一部《华伦斯坦的阵营》的序曲。郭沫若译,人民文学出版社,1955年,北京。

很坏。它笨拙,读来令人不快,充塞杂乱的比喻,好动感情,有的地方甜甜地发出女儿气,速度时快时慢,缺乏追求逻辑的清晰性的意愿,过于自信,因而疏于论证,甚至怀疑论证本身是否**合宜**。它是给内行人写的书,是给那些为音乐而生、从一开头就为共同而罕见的艺术体验深深吸引而联系在一起的人的"音乐",是给那些同族亲人的认证标记——一本居高临下、高谈阔论的书。该书一开始就拒"文化人"群体于门外甚于"普通百姓",然而正像它的影响已经证明和正在证明的那样,它必定会善于寻找其狂热的共鸣者,把他们吸引到新的隐蔽小径和舞场上。不管怎么说,在这里说话的是——人们怀着好奇或反感承认这一点——一个陌生的声音,一个"尚不知名的上帝"的弟子。他一度用学者的斗篷帽,德国人辩证的一本正经的深沉样和瓦格纳信徒的拙劣仪表隐蔽自己;在这里出现的是一个怀有异样而无名的需要的英才,他的头脑充满了可以像加个问号那样冠以酒神狄俄尼索斯的名字的疑问、经验、秘密;在这里说话的——人们带着怀疑的神态说——是个神秘的,几乎狂乱的人,他既费力又随心所欲地,仿佛用别人的舌头结结巴巴地说话,几乎拿不准他是全盘托出还是秘而不宣。这个"新的灵魂",他本该**唱**,而不是说!我不敢以诗人的身份说我当时要说的话,多么可惜啊!其实,这一点我当时也许是能够做到的,至少以语言学家的身份是能够做到的。就是今天,在这个领域几乎一切都尚待语言学家去发现和发掘!首先是这样一个问题,即这里存在问题以及——在我们对"什么是狄俄尼索斯精神?"的问题找到答案以前——希腊人和从前一样是完全陌生的,不可想象的……

四

那么,什么是狄俄尼索斯精神?本书给予了回答。在书中说话的是一位"知者",他本人的上帝的入道者和弟子。如果我今天写这本书,那么谈论这样一个艰难的心理问题,我也许会更加谨慎,少用雄辩的口吻;在希腊人看来,悲剧的起源正是这样一个艰难的心理问题。这里,一个基本问题是希腊人与痛苦的关系,他的敏感性的程度如何。这种关系是始终如一呢,还是发生变化的呢?希腊人越来越强烈的**对美的渴望**,对节庆、娱乐、新的礼拜仪式的渴望是源于短缺、匮乏、伤感、痛苦的吗?假定这是真的,那么——正如伯里克利①(抑或修昔底德②?)在其著名的葬礼演说中所暗示的那样——我们就要问:先于此产生的相反的渴望,即**对丑的渴望**,是缘何产生的呢?更早的希腊人渴望悲观主义,渴望悲剧神话,渴望生活中一切可怕的、邪恶的、神秘的、毁灭性的、危险的东西的良好而严肃的意愿缘何产生?简言之,悲剧源于什么?也许源于**喜悦**,源于力量、无比的健康、过

---

① 伯里克利(前495—前429),古雅典民主派政治家,前444年后历任大将军,他当政期间为希腊最盛时期。
② 修昔底德(前460—前400),古希腊历史学家,著有《伯罗奔尼撒战争史》八卷。

分的丰裕？要是那样，从生理学上说，那种既产生悲剧又产生喜剧的狄俄尼索斯的疯狂意义何在？疯狂也许未必是蜕变、衰败、没落文化的征兆吧？也许有一种源于**健康**的精神病，因种族处于青春期，充满青春活力而产生的精神病（这是精神病医生的问题）？萨提尔①身上神与羊的结合意味着什么？希腊人出于何种自我经历，出于何种内心需要，非把狄俄尼索斯狂欢者和原始人想象成萨提尔的模样呢？说到悲剧合唱队的起源，那么，在希腊人的躯体非常健壮、希腊人的心灵充满青春活力的几个世纪，也许有过当地特有的狂喜？有过让整个部落、让整个祭祀团体都染上的幻想和幻觉？可否假定，希腊人恰恰在富于活力的青春期具有倾向悲剧的意志，是些悲观主义者呢？恰恰是疯狂——借用柏拉图的一句话②——让希腊人产生**无比**的幸福感呢？恰恰在崩溃衰败时期，希腊人反而越来越乐观、轻浮、做作，越来越热衷于逻辑，追求合理的宇宙论，同时也就越来越"快乐"、越来越"科学"呢？与种种"现代理念"和带有民主意味的诸般偏见相反，也许正是**乐观主义**的胜利，此时占统治地位的**理性**，实际的和理论上的**功利主义**，连同与之同时的民主，而不是悲观主义，可能是力量衰微、老年将至、体力减退的征兆？是否可以说，正因为伊壁鸠鲁③是个受苦者，所以是乐观主义者？

---

① 希腊神话中半人半羊的森林诸神，是酒神狄俄尼索斯的随从。
② 柏拉图（前427—前347），《斐多篇》。
③ 伊壁鸠鲁（前341—前270），古希腊哲学家，伊壁鸠鲁学派的创始人。

捧着水果篮的萨提尔和侍女

彼得·保罗·鲁本斯 绘

萨提尔在农民家里狂欢

雅各布·约丹斯 绘

读者现在看到了,本书探讨的是一大堆难题,而且我们还加上一个难中之难的问题:透过生活之镜,伦理道德意味着什么?

五

在献给理查德·瓦格纳的序言里,我已经指出,构成人的真正**形而上**活动的是艺术,而不是道德。在书中多次出现那句暗示性的句子,即世界的存在只有作为审美现象才是**合理**的。真的,全书通篇所言仅为一切事物所含有的一种意义,即无论明显的还是隐含的艺术家意义,如果你愿意,也可以说它只知道一个"神",当然只是一个毫不令人疑虑的、非道德的艺术家之神。无论创造还是毁坏,好事还是坏事,这个艺术家之神总要领略它自己的同一种乐趣和自负,一边创造世界,一边又要摆脱因富裕和**过分富裕**造成的**困苦**,摆脱各种内在矛盾引起的痛苦。世界乃每一瞬间所**达到**的神之解脱,乃受苦最深、对立最甚、最富内心矛盾者的不断变化、永远翻新的幻觉,而这位受苦者只是表面上懂得自我解脱。人们尽可把这整个艺术家形而上学称为任意的,多余的,幻想型的;然而重要的是,它已经预示了一种精神,这种精神将不顾任何危险,反对对生活做道德的诠释。这里,也许是第一次,预告着某种"超善恶"的悲观主义就要来到,那种"反常的思想"要登台亮相,对这个说法,叔本华曾不遗余力,预先就用种种最猛烈的诅咒和利斧加以抨击①。这里所说的是这样一种哲学,他敢于把道德本身置于现象世界,从而贬低了它,更有甚者,它不仅把道德(在理念主义这个专门术语的意义上)置于现象之中,而且将它看作表象、妄想、错误、诠释、美化,归入"假象"之列。我在本书中论及基督教时所采取的谨慎的、敌意的沉默态度——把它看作人类迄今为止所见到过的对道德问题的最详尽冗长的形象体现,也许最能衡量这种**反道德**倾向的深度。与我在本书纯粹从美学角度对世界所做的解释和辩护相对立的,千真万确,以基督教学说为最烈;基督教学说只讲,并且只想讲伦理道德,以其绝对真理,比如上帝的真实存在论,将艺术,将**任何**一处艺术贬入谎言之国,加以否定、咒骂和谴责。透过这种思维方式和评价方式——只要它还保持一点真诚,它就必定敌视艺术——,我一向感觉到那种对**生命的敌视**,对生命本身的强烈的、企图复仇的厌恶:因为一切生命都立足于表象、艺术、错觉、外观以及憧憬未来和错误的必要之上。而基督教则自产生之日起,从本质上彻头彻尾地厌恶生命,只是用所谓"另一个"或"更好的"来世伪装自己,掩盖自己,美化自己。对"世俗"的憎恨,对感情的诅咒,对美与情欲的恐惧,虚构出一个天堂,以更好地诽谤尘世,从骨子里对虚无、末日、安息的渴望,直至对"最后的安息日"的渴望,所有这一切,连同基督教只承认道德价值的绝对意志,在我看来,一直是某种"追求毁灭的意志"的各种可能的形式

---

① 叔本华(1788—1860)《补遗》第 2 卷第 107 页。

中最危险、最可怕的形式,至少是重病缠身、精疲力竭、厌倦生活、生命萎缩的征兆,因为按照道德,尤其是基督教的绝对道德,由于生命从本质上说是非道德的东西,因而生命必定是,而且始终是无理的。生命背负着长期被蔑视、永远被否定的重压,人们自然产生这样的感受:生命不值得追求,生命没有价值。那么道德呢?难道道德不是"否定生命的意志",旨在摧毁、压缩、诽谤吗?难道它不是末日的开始吗?因而,难道不是最大的危险吗?于是,在当时,我的本能,我那为生命请命的本能就起而**反对**道德,写了这本众说纷纭的书,发明了一种完全相反的评价生命的学说,可以说,这是纯美学的、**反基督**的学说。给它起什么名呢?我作为语言学家和言语专家给它起了一个希腊神的名字,即**狄俄尼索斯**学说;这样取名不无一定的随意性,因为有谁知道反基督者的真正名字呢?

六

人们是否知道,我当时写这本书意味着给自己压了多重的任务?我现在深以为憾的是,我当时还没有勇气(或者说还不够自信),在任何方面都采用**自己的语言**,阐述我的独特的见解和创新的理论,而不辞辛苦地试图用叔本华和康德的语汇,去表达从根本上说与康德和叔本华的精神及格调相矛盾的崭新的观念!关于悲剧,叔本华是怎么想的呢?他在《作为意志和表象的世界》中说:"促使一切悲剧性的东西兴起的真正推动力是这样一种认识:现世,即生命,不能给予我们真正的满足,因此**不值得**我们对它忠诚,此乃悲剧精神之所在,它引导人们**听天由命**。"噢,当时,狄俄尼索斯对我说的话与这番话是多么格格不入啊!噢,当时,这种听天由命的论调和我相去何止十万八千里啊!——然而,比起用叔本华的语汇使得狄俄尼索斯隐约感到的东西变得模糊不清,甚至变了味,书里还有更糟的东西,让我更感遗憾的,那就是我在论述这个伟大的、我看得清清楚楚的**希腊问题**时,掺进了时下流行的东西,从而**败坏了**它!在毫无希望、一切都明白无误地指向末日的地方,我却表达了希望!我基于德国的最新音乐,开始编织所谓"德国精神",仿佛它正在自我发现、自我回归似的!而我做所有这些事情时,正是德国精神——不久前它还踌躇满志,要统治欧洲,还拥有力量,能领导欧洲——按照遗嘱最终**退位**,以成立帝国的堂而皇之的借口,向平凡、民主和"现代观念"过渡之时!现在我认识到了一点,那就是对"德国精神"要不存希望,不留情面,这也适用于现在的**德国音乐**,浪漫主义就彻头彻尾地属于这种音乐,它是一切可能的艺术形式中最缺乏希腊精神的艺术形式,而对一个喜欢豪饮、把暧昧尊为美德的民族,它不啻是头等神经杀手,是双倍的危险,是既让人陶醉又使人**麻痹**的麻醉剂。不过,尽管我当时怀有种种操之过急的希望,在古为今用上运用不当,从而损害了我的第一本书,但是,那个狄俄尼索斯大问号,就像书中所画的那样,依然存在,在音乐方面也继续存在。这个问题就是:**狄俄尼索斯**音乐,而非如同德国音乐那样的有浪漫主义渊源的音乐,该是什么样子的呢？

七

——且慢，亲爱的先生，如果你的书不是浪漫主义，那么在这个世界上哪里还有浪漫主义？在你的所谓艺术家形而上学理论中，对"现世""现实"和"现代观念"的痛恨不是比任何其他地方都更加强烈吗？你的艺术家形而上学不是宁可相信虚无，相信魔鬼，而不相信"现在"吗？透过你的复调声音艺术和诱饵骗术，不是听得见一个愤怒的、充满毁灭欲的低音在低吼吗？这是一种凡属"现在"的一切都要反对的狂暴的坚定意志，它与实际的虚无主义实在相去不远，仿佛在说："宁可什么都是假的，也不愿意看到你们是对的，你们的真理是对的！"我的悲观主义先生，我的艺术至上者先生，你竖起耳朵，听听从你自己书中挑选出来的一段话吧，听听那段雄辩的讲降龙伏虎勇士的精彩文字吧，对于那些年轻的耳朵和心灵，这段话很可能充满不可抗拒的魅力。怎么？这难道不是1830年的真正的浪漫派自白，而又伪装成1850年的悲观主义吗？透过这悲观主义的声音，我们不是听到了通常的浪漫派终曲的前奏：断裂、崩溃、复归古老的信仰和古老的神灵、拜倒在它的面前吗？你的悲观者著作不正是一篇反希腊精神和浪漫主义之作吗？不正是"既让人陶醉又使人麻痹"，是一种麻醉剂，一段音乐，而且是一段德国音乐吗？请听：

让我们这样想象正在成长的一代新人,他们目光坚毅,勇往直前,这些降龙伏虎的勇士步伐坚定,意气风发,抗拒乐观主义的种种虚弱教条,以求不折不扣地"勇敢生活":那么我们要问,这种文化的悲剧人物,在进行自我教育,培养自己严肃和畏惧的品质时,岂不是必定向往一种新的艺术,形而上慰藉的艺术,把悲剧作为属于他的海伦苦苦追求?岂非要借用浮士德的话大声喊道:"我岂能不如醉如狂,让绝代美人重见天光?"①

"岂不是**必定**……吗?"否!一百个否!你们这些年轻的浪漫主义者听着,事情并非必然如此!但是,事情很可能会如此**结束**,你们会如此了却一生,如同白纸黑字所写的那样,会"得到安慰",尽管你们自己教育自己要严肃与畏惧,你们还是"受到形而上的安慰",简言之,会像浪漫主义者那样,像**基督徒**那样结束一生……不!你们首先应该学习**尘世**安慰的艺术,我的年轻的朋友,倘若你们想继续当悲观主义者,你们就应该学习**笑**;也许有朝一日,你们会朗朗大笑,让所有形而上安慰,由形而上学领头,统统见鬼去!我们不妨引用那个名叫**查拉图斯特拉**的狄俄尼索斯恶魔

---

① 这段文字引自《悲剧的诞生》第十八节,最后两句诗引自歌德《浮士德》第二部,第 7438 行和第 7439 行,郭沫若译为:
"那么我靠着憧憬的诚心诚意,
使那惟一的美人重生岂不可以?"
人民文学出版社,1959 年,第 147 页。

的话：

"我的弟兄们，提起你们的精神，让心花怒放！也别给我忘了腿！你们是善舞者，抬起你们的腿！脑袋朝下倒立也许更好！"

"这顶笑者的王冠，这顶玫瑰花环的王冠：我自己将它戴到头上，我自己宣布我的笑是神圣的。今天，还没有别的什么人如此强大，能效法我这么做。"

"善舞的查拉图斯特拉，轻捷的查拉图斯特拉，他扑动翅膀示意，向所有禽鸟示意，他——一个意欲飞行的人，一个漫不经心的乐天派，已做好飞行的准备。"

"预言者查拉图斯特拉，用笑预示未来的查拉图斯特拉，从不心烦意乱，一向处事随和，他喜欢朝令夕改，喜欢放荡不羁：我自己戴上这顶王冠！"

"这顶笑者的王冠，这顶玫瑰花环的王冠：我的弟兄们，我把这顶王冠掷给你们！我宣布笑是神圣的！你们这些高等人，给我好好**学**笑吧！"[①]

[①] 可参见高寒译《查拉图斯特拉如是说》第 4 部第 73 节，上海文通书局，1949 年，第 365 页。

前　言

——致理查德·瓦格纳①

鉴于我们的审美公众的特殊品性,集中在这本书里的思想可能会引起种种疑虑、不安和误解。为了抛开这一切的干扰,同时也为了能怀着同样平静欢悦的心情来写这本书的前言(这本书的每一页都铭刻着这欢悦的印记,如同美好崇高时光的化石),我想象着您,我尊敬的朋友,收到这部著作时的情景。您也许在一天傍晚,雪中散步归来,端详着扉页上被解放了的普罗米修斯,读着我的名字,立刻就相信,不管书里写些什么,作者必定有严肃而深切的话要说,同时也相信,他像面对面那样,把他想到的一切都向您倾吐,而且只能把适于面谈的东西记载下来。您这时会记起,正是在您写作纪念贝多芬的精彩绝伦的文章之时,也即在刚刚爆发的战争引起的既恐怖又庄严的气氛中,我全神贯注,构思着这些思

---

① 理查德·瓦格纳(1813—1883),德国音乐家,歌剧改革家,新乐剧的创始者。1868年在拜罗伊特建筑成理想的剧场,尼采与瓦格纳交密正是在这个时期。瓦格纳的主要作品有《漂泊的荷兰人》《特里斯丹和绮瑟》《纽伦堡的名歌手》《尼贝龙根的指环》等。尼采的《悲剧的诞生》中的许多观念都是得自瓦格纳作品的启示。

想。然而,如果有人这样全神贯注思索时想到的是爱国主义的激情和纵情审美享受、勇敢的严肃和欢快的游戏的对立,那么他就错了。但愿他们在认真阅读这部著作时会惊讶地发现,我们讨论的是多么严肃的德国问题,我们真真切切地把它看作德国希望的中心,看作脊梁和转折点。然而,倘若他们把艺术仅仅看作趣味盎然的附属品,对于"生命的严肃"是可有可无的小铃铛,仿佛没有人懂得,与这样的"生命的严肃"作对比本身有什么意义,那么,对他们来说,如此严肃地看待一个美学问题,也许根本就有失体统。可以给这些严肃的人提供教益的是,我追随另一位男子,坚信艺术是生命的最高使命,是生命本来的形而上活动,我的这本书就是献给我的这位走在同一条路上的高贵的先驱者的。

1871 年底于巴塞尔

一

如果我们不仅仅从逻辑上认识到,而且从直观上把握到,艺术的持续发展受**阿波罗精神和狄俄尼索斯精神**的二元性的制约,犹如生育有赖于性的二元性,两性持续不断地斗争,而只间以周期性的和解,我们就在审美科学方面获益良多。我们从希腊人那里借用这两个名称,他们虽然没有用概念,却用他们的神话世界的极其鲜明的形象,让聪慧之士能够感受到他们的艺术观的深刻而隐秘的内涵。与阿波罗①和狄俄尼索斯②这两位艺术之神相关,我们认识到,在希腊人的世界,按照其根源和目标,在阿波罗艺术即造型艺术和狄俄尼索斯艺术即非造型的音乐艺术之间,存在着巨大的对立。这两种完全不同的本能共存并处,在大多数情况下相互

---

① 即日神。
② 即酒神。

公开对立,相互激发不断孕育新的更加强有力的生命,以求在它们身上继续保持矛盾对立的斗争,"艺术"这个共同的用语只是在表面上消除了这种斗争罢了。直到最后,"希腊意志"的一个奇迹般的行为,使两者似乎交合为一体,由此交合终于产生了阿提卡①悲剧这种既是狄俄尼索斯的又是阿波罗的艺术品。

为了进一步了解这两种本能,我们姑且先把它们想象成**梦**和**醉**两个互相分开的艺术世界,在这两个生理现象之间,如同在阿波罗精神和狄俄尼索斯精神之间那样,可以发现存在相应的对立。按照卢克来修②的看法,壮美的神灵形象是在梦中首先向人的心灵显现的,伟大的雕塑家是在梦中看见那些超人神灵的优美无比、令人愉悦的肢体构造。如果当时有人向希腊诗人询问诗歌创作的秘密,那么他也会像汉斯·萨克斯③那样提到梦,给我们留下同样的教导。萨克斯在《名歌手》中歌唱道:

> 我的朋友,解释和记载他的梦境,
> 正是诗人毕生的使命。
> 相信我,人的最真实的幻想,
> 总是显现于他的梦乡。
> 一切诗学,一切诗篇,
> 除了释梦岂有他焉?

---

① 阿提卡半岛,位于希腊中部,是雅典城邦所在地。
② 卢克来修(约前99—前55),古罗马诗人、哲学家,著有《物性论》。
③ 汉斯·萨克斯(1494—1576),德国诗人。

在创造梦境方面,每个人都是不折不扣的艺术家,而梦境的美丽表象是一切造型艺术的前提,而且,我们下面将会看到,也是一大半诗歌的前提。直接领悟艺术的形象是我们的享受,种种形式本身在跟我们说话,没有可有可无的、多余的东西。即使在这个梦的现实显现为活灵活现的真实时,我们仍能朦胧地感觉到它是一种**幻象**。至少这是我的经验,我可以提供某些证据和诗人的名言警句,证明这种经验是常见的,甚至是常态。具有哲学头脑的人甚至有这种预感,在我们生活于其中的现实之下,还隐藏着另一个全然不同的现实,也就是说,我们生活于其中的这个现实也是个幻象。叔本华直截了当地指出,在某些时候能感觉到人和一切事物是纯粹的幻影和梦境的禀赋是哲学才能的标志。艺术上敏感的人与梦幻现实的关系,可比之于哲学家与存在之现实的关系。他喜欢"观察"梦幻现实,因为他根据梦中的图像解释生活,通过这些过程演练自己适应生活。他在自己身上清清楚楚体验到的,绝非只是令人亲切愉快的图像;严肃的、忧郁的、悲伤的、阴暗的东西,突然的压抑心绪,命运的捉弄,掺着恐惧的期待,总之,在整部生活"神曲",连同"地狱篇",一一从他身旁闪过,不仅仅像皮影戏,因为他就在这些场景之中生活、受苦,但另一方面,他仍有那种这是幻象的依稀感觉。有些人也许和我一样记得,当他在梦中遇到危险和恐怖场面时,有时会鼓励自己,成功地喊出声来:"这是一个梦!我要把它做下去!"我曾听说,有些人能够一连三四个晚上做同一个连贯的梦。

这些事实证明,我们最内在的本质,我们所有人共同的内核,必定要体验梦境,并深感喜悦和快乐。

同样,希腊人在他们的阿波罗身上也表达了这种体验梦境的令人愉快的必然性。阿波罗既是一切造型力量之神,又是预言之神。按其本源,他是"发光者",是光明之神,同时,他也掌管内心幻想世界的优美表象。这更高的真实,这些与不能全然理解的日常现实相对立的状态的完美性,还有对睡眠和梦境中起康复治疗作用的自然本质的深刻意识,是预言能力的象征性类比物,而且根本就是各种艺术的象征性类比物,有了这些艺术,生活才变得可能,才值得人们去经历一番。但是,那梦像条不许逾越的隐隐的界线——越过这条界线,就会让人产生那是病态的印象,我们就会受骗,把表象误认为粗俗的现实——在阿波罗的形象中也是不可缺少的,这就是适度的克制,避免过分狂暴的冲动,雕塑家之神的大智大慧的静穆。他的眼睛按其来源必须是"明如太阳",即使他发火怒视,眼神仍是庄严的,让人觉得外表优美。在某种意义上,叔本华关于隐身在摩耶面纱①下面的人所说的话,也可适用于阿波罗。他在《作为意志和表象的世界》里写道:"翻腾的大海无边无际,汹涌的大浪咆哮如雷,船夫独坐一叶小舟,任凭风吹浪打;同样,大千世界充满苦难,个体的人置身其中,凭借并信赖个体化原

---

① 摩耶原是婆罗门教中作为苦难经历的现象世界,梵文原文是 Maja,其形象为用面纱遮身的美女。叔本华把这一概念引入他的哲学体系,用以指称他所说的虚幻之境。

理,泰然安坐。"①不错,关于阿波罗的确可以说,在他身上,对于这个原理的坚定信念,隐身于其中者的安坐姿态,得到了最高超的表达,我们不禁要把阿波罗本身称作个体化原理的壮美的圣像,他的表情,他的眼神,无不向我们表明"幻象"的全部乐趣、智慧和美丽。

在同一个地方,叔本华向我们描述了当人由于充足理由律在某种形态里似乎遇到了例外,因而突然怀疑起现象的种种认识形式时,他所感到的无比**恐惧**。如果在恐惧之外,我们再加上个体化原理破碎之时从人的内心深处,就是说从他的天性中涌出叫人筋化骨酥的狂喜,我们就看见了**酒神**的本质,用一个**醉**字比拟其本质是再贴切不过了。无论是所有原始先民和各民族的颂歌里都谈到的醉人的饮料发生作用也好,还是使万物复苏、生灵欢唱的春天来临也好,总之这时狄俄尼索斯的激情苏醒了,而且随着激情的高涨,主体逐渐进入浑然忘我之境。在中世纪的德国,也是成群结队的人,受同一种狄俄尼索斯威力的驱使,载歌载舞,从一处行进到另一处,队伍越滚越大。在这些圣约翰节和圣维托节的舞蹈者身上,我们重睹了古希腊人的狄俄尼索斯歌队,看到了这种歌队在小亚细亚,直至巴比伦和放纵狂舞的萨克亚人②的雏形。现在有人由于缺乏经验或麻木迟钝,由于感觉自己肌体健康,对这类现象或冷嘲热讽,或表怜

---

① 叔本华《作为意志和表象的世界》第一部,可参见石冲白中译本第63页,商务印书馆,1982年,第483—484页。
② 萨克亚人,居住在今土耳其小亚细亚西北部的古代人。

悯惋惜,像躲避"大众疾病"那样,远远地避开它们。这些可怜人当然料想不到,倘若热烈奔放的酒神节崇拜者载歌载舞从他们身边经过,他们的所谓"健康"会显得怎样的苍白暗淡,阴森可怕。

凭借狄俄尼索斯的魔力,不仅人与人重新修好,而且被疏远的、敌意的或被奴役的自然也重新庆祝她与她的浪子——人类——和解的节日。大地自动奉献它的贡礼,山崖荒漠中的猛兽温驯地走过来。狄俄尼索斯的车辇装饰着鲜花和花环,由虎豹驾驭着向前行进。请诸位将贝多芬的《欢乐颂》化作一幅油画,让想象力继续高扬,设想数百万人惊恐万分、浑身发抖地倒到尘土里,这样你们就能把握狄俄尼索斯的本质特性了。此时,奴隶成了自由人,贫困、专断或"无耻的时尚①"在人与人之间树立的所有牢固而敌对的藩篱都土崩瓦解了。现在,空中响着世界大同的福音,每个人都感到和周围的人联合了、和解了、融合了,甚至合为一体了,仿佛摩耶的面纱已经破裂,只剩下一些碎片在神秘的太一面前飘忽。人以歌舞的方式表明自己是一个更高级的集体的成员,他忘却了怎样走路怎样说话,正一边手舞足蹈,一边向空中飞升。他的神态表明,他着了魔。如同此刻动物开口说话,土地流出牛奶蜂蜜,人身上也出现了超自然的力量:他感到自己是神,正像在梦中看见众神变幻那样,他自己也陶陶然飘飘然,开始变幻。人不再是艺术家,他变成了艺术品。这里,透过醉的战栗,整个大自然的威

---

① 参见瓦格纳短篇小说《朝拜贝多芬》。

狄俄尼索斯

阿波罗

力显露无遗,太一的快感得到极度的满足。最精良的陶土,最珍贵的大理石——人,在这里被揉捏、被雕琢,随着狄俄尼索斯的宇宙艺术家的雕琢声,响起厄琉西斯秘仪①的呼喊声:"万民啊,你们倒下了吗?宇宙啊,你预感到造物主了吗?②"

---

① 厄琉西斯秘仪,古希腊祭祀得墨忒耳和佩尔塞福涅的一系列神秘的庆祝活动,其产生与农耕有关,始于雅典西北的厄琉西斯。参加厄琉西斯神秘仪式的人要发誓保守秘密,因此后人对这一秘仪的内幕了解得极不确切。
② 参见席勒《欢乐颂》。

二

至此,我们考察了**无须人间艺术家的中介**,从自然本身产生的两种艺术之力——阿波罗及其对立面狄俄尼索斯。这两种力量的艺术冲动首先直接地以下述方式获得满足:一方面作为梦的形象世界,这个世界的完美性与个体人的智力水平或艺术修养毫无关系;另一方面作为醉的现实,这种现实同样不重视个体人,甚至要毁灭个体人,用一种神秘的雷同感让个体人得到解脱。面对大自然的这些直接的艺术状态,任何艺术家都是"模仿者",不是阿波罗的梦幻艺术家,就是狄俄尼索斯的醉狂艺术家,或者(如同在希腊悲剧中)一身二任,既是醉狂艺术家,又是梦幻艺术家。关于后者,我们恐怕可以这样设想:他狄俄尼索斯般酩酊大醉,自暴自弃,独自一人,离开载歌载舞行进的歌队,倒在一边;继而受阿波罗梦的感应,他自己的境界,即他与世界本质的统一,**在譬喻性的梦境中**向他显现。

论述了这些一般的前提,做了这些一般的对比后,我们现在来看看**希腊人**,在他们身上,那些**自然的艺术冲动**发展到了什么程度,达到了什么高度,这样,我们就能够更深刻地理解和评价希腊艺术家和他们的原型之间的关系,亦即亚里士多德所说的"对自然的模仿"。说起希腊人的**梦**,尽管他们留下了许多写梦的文学和讲梦的逸闻,我们也只能推测,不过这种推测有相当的把握:鉴于他们的眼睛具有令人难以置信的准确可靠的立体感受能力,他们对色彩执著而真诚的爱好,我们不禁要认为,他们的梦也具有线条、轮廓、色彩、布局的逻辑因果关系,具有与他们最优秀的浮雕类似的舞台效果,这一点令所有后人羞愧。他们的梦的完美性使我们有理由——如果可以这样比喻的话——把做梦的希腊人称为荷马,把荷马称为做梦的希腊人。这个比喻的意义比现代人在做梦方面敢于自比莎士比亚更深刻。

相反,如果说把**狄俄尼索斯希腊人**和狄俄尼索斯野蛮人分开的鸿沟应该填平的话,那么这就不仅仅是推测了。在古代世界的各个地方(这里不谈近代世界),从罗马到巴比伦,我们都能够拿出证据,证明酒神节的存在。这些古代酒神节与希腊酒神节的关系,最多就像其名称和标志取自公羊的长胡子的萨提尔与狄俄尼索斯本身的关系。几乎在所有地方,这些节日的核心都是狂放无度的性放纵,其汹涌澎湃的大浪冲决了任何家庭生活及其庄严的规范;这里,自然中最凶残的兽性脱开了任何羁绊,乃至肉欲与残暴混杂一起,令人厌恶,这种既淫且暴的混合在我看来一向就是真正的"妖女淫药"。有关这些节日的知识从所有陆路和海路传给希腊人,看来,在开初一段时间,他们凭借傲然挺立的阿波罗形象,完全顶住了这些节日的狂热刺激,阿波罗用墨杜萨①的头,却不能抵抗比丑陋粗野的狄俄尼索斯更危险的力量。阿波罗的这种庄严拒绝的姿态在多立克风格②艺术中得到了永久的表现。当类似的冲动终于从希腊人的内心深处打开一条路,迸发出来时,抵抗便成了问题,甚至不可能了。现在,得尔菲③神能做到的只有这样一点了:及时和强大的对手和解,从而让他放下毁灭性武器。这次和解是希腊祭拜史上最重要的时刻,无论哪方面,这一事件引起的变化都是明显的。两个对手和解了,严格确定了他们从此必须遵守的界线,定期互赠信物;但鸿沟并未从根本上消除。不过,如果我们观察一下,狄俄尼索斯的权力如何在媾和的压力下显现出来,我们就会清楚地看到希腊人的狄俄尼索斯狂欢所具有的意义:它们是拯救世界的节日,是神化的日子,这与巴比伦的萨克亚人及其由人变为虎猴的倒退形成对比。只有在希腊人身上,自然才得到它的艺术欢乐,个体化原理的崩溃才是一种艺术现象。在这里,由肉欲

---

① 墨杜萨,希腊神话中的女怪,头上长的不是头发,而是毒蛇,能使见到她的头的人化为石头。她的形象常见于古希腊人的盾牌和房屋入口,意在化险避邪。
② 希腊建筑中的石柱主要有三种艺术风格:多立克风格、爱奥尼亚风格和科林斯风格。
③ 得尔菲,古希腊城市,位于帕尔那索斯山下,以神托所和阿波罗神庙而出名。据传说,阿波罗杀死凶龙皮托后在得尔菲修建了神托所和神庙。此处的得尔菲神即指阿波罗神。

和残暴混合而成的"妖女淫药"失去了效用,只有狄俄尼索斯狂热信徒的激情中那奇妙的混合和双重性才让我们想起它,就像药物让人想起致命的毒药一样。这就是我们常看到的一种形象:痛苦引起快感,欢呼夹带哀声,乐极而生惊恐,泰极而求失落。在那些希腊节日里,大自然仿佛呼出一口伤心气,好像它不得不为自己分解为许多个体而叹息。对于荷马的希腊世界,这些具有双重心态的狂欢者的歌唱和姿态是些闻所未闻、见所未见的新鲜事儿,尤其是狄俄尼索斯的**音乐**更使他们胆战心惊。如果说音乐似乎早已作为阿波罗艺术而在希腊流传,那么严格地说,它只是节奏的拍打,其造型力量是为描绘阿波罗状态而发展起来的。阿波罗音乐是用声音表达的多立克风格建筑艺术,而且只是类似竖琴所特有的那种暗喻性的声音。而那些决定狄俄尼索斯音乐乃至一般音乐的特性的因素——音调的动人心弦的震撼力,旋律的强劲的奔流直泻,和声的无与伦比的境界,恰恰被当作非阿波罗的因素,小心翼翼地排除了。在狄俄尼索斯颂歌里,人则受到强烈刺激,最充分地调动他的一切象征能力;某些从未有过的感受非表现不可,摩耶面纱一定要揭去,混沌一元被视为族类之神,甚而为自然之神。现在,要让自然的本质象征性地得到表现,这就需要一个全新的象征世界,整个躯体都应具有象征意义,不但包括嘴唇、面颊、语言,而且包括让肢体有节奏地运动的舞姿。于是,另一类象征力,表现在节奏、律动、和声中的音乐的象征力突然变得强大起来。为了理解所有象征力的完全释放,人必须达到一种忘我境界,它要通过那种种力量象征性地表现自己。所以,唱着颂歌的狄俄尼索斯信徒只能被他的同路人理解!阿波罗式的希腊人看到他时必定惊愕万分!而当惊愕中掺入了恐惧,原来这一切于他并非如此陌生,连他的阿波罗意识也只是遮盖狄俄尼索斯世界的一层面纱时,他的惊愕就越发厉害了。

三

为了理解这一点,我们不得不——仿佛一块石头一块石头地——拆掉精美的**阿波罗文化**大厦,直到看见下面的地基。我们首先看到的是**奥林匹斯**诸神的壮美形象,他们挺立在大厦的山墙上,表现他们事迹的熠熠生辉的浮雕装饰着大厦的装饰线。虽然阿波罗作为与众神平等的一员跻身其间,并不要求得到特殊的地位,我们却不能因此而受迷惑。体现在阿波罗身上的同一种冲动产生了整个奥林匹斯世界,在这个意义上,我们可以视阿波罗为众神之父。然而,究竟是什么巨大的需要产生了光辉灿烂的奥林匹斯诸神社会的呢?

谁怀着另一种宗教感情,走向这些奥林匹斯神祇,到他们身上寻找高尚的操行以至圣德、非肉体的精神升华、慈悲爱怜的目光,他就必定深感失望和不快,马上掉头而归。这里没有任何东西能让人想到苦行、修身和义务,我们看到的只是快乐、自信,乃至意气昂扬的生命,在这种生命状态中,一切存在的东西,不论善恶,都被神化了。面对这充满活力、生机盎然的景象,观者可能会惊愕地自问:这些豪放自信的人服了什么灵丹妙药,如此尽情享受人生,以致到处都有那"给人甜蜜的感官享受"的海伦——他们自身生存的理想形象和他们笑脸相向。但是,我们要向已经调转脑袋的观者大喊一声:"别走开!先听听希腊民间智慧关于这个其乐融融、在你面前展现的生命说些什么。"有一个古老的传说讲的是,弥达斯国王①在树林里久久地追寻狄俄尼索斯的伴友——聪慧的**西勒尼**②,却没有找到。当西勒尼终于落到国王手里时,国王问他,对人来说,什么是最好最妙的东西。那精灵绷着脸站着,一声不吭。后来,经不住国王的催逼,他突然发出一阵尖笑,说道:"可怜的浮生啊,命运多舛的孩子啊,你为什么要逼我说出你最好不要听到的话呢?那最好的东西是你根本无法得到的,这就是不要降生,不要**存在**,归于**乌有**。不过,对你来说,等而次之的东西是——立刻就死。"

奥林匹斯的众神世界与这民间智慧的关系若何呢?可以说无异于受刑的殉道者迷醉的幻觉之于他的痛苦。

---

① 弥达斯,希腊神话中佛律癸亚国王,传说他捕获了狄俄尼索斯的伴友西勒尼,后又放了他,狄俄尼索斯为了报答而授他点金术。从此,他触到的东西都变成黄金,连饭也无法吃。于是他只能请狄俄尼索斯收回他的魔力。
② 西勒尼,希腊神话中的精灵,狄俄尼索斯的养育者和老师。他是个终日醉酒的快活老,喜爱音乐,并能预卜未来。如果有人抓住他绑起来,可迫使他说出对未来的预言。

现在,奥林匹斯魔山仿佛向我们开启了大门,让我们看到它的根基。希腊人深深体会到生存的恐怖和可怕。为了能够生存下去,他们不得不将奥林匹斯众神的光辉灿烂的幻境置于恐怖之前。对大自然的泰坦式①威力的无比疑惧,不受任何认识支配的劫数,折磨人类伟大朋友普罗米修斯的兀鹰,智慧的俄狄浦斯的可怕命运②,驱使俄瑞斯忒斯弑母的阿特柔斯的家族咒语③,总之,致使忧郁的伊特鲁利亚人④毁灭的山林之神的全部哲学及其神秘例证——这一切都被希腊人借助于奥林匹斯诸神的艺术**中介世界**不断地、一次又一次地克服,至少被掩盖,被移出了视线。为了生存下去,希腊人不得不创造出这些神祇。我们恐怕可以这样设想这个过程:如同从荆棘丛中长出玫瑰花那样,由于阿波罗的美的冲动,原始泰坦诸神的恐怖体系经过几个渐进的过渡阶段,演化成奥林匹斯诸神的欢乐体系。如果人生没有被更灿烂的光环所围绕,没有在他的神祇世界中得到展现,那么,这个如此敏感,欲望如此强烈,特别能体验**痛苦**的民族怎么能忍受这人生呢?创造艺术——这艺术是促使人们活下去的人生的补充和完成——的同一

---

① 泰坦诸神,也称泰坦巨神,希腊神话中天神乌拉诺斯和地神盖亚所生的六子六女,力大无比,曾与宙斯争夺统治权而为所败。
② 指俄狄浦斯受命运捉弄而弑父娶母。
③ 阿特柔斯为迈锡尼王,其弟梯厄斯忒斯企图谋杀他夺取王位,阴谋败露。后阿特柔斯对梯厄斯忒斯报复,杀死他的两个儿子,并把肉煮给他吃。梯厄斯忒斯发现吃的是儿子的肉时,便诅咒阿特柔斯家族。这个诅咒后来应验在阿特柔斯的孙子俄瑞斯忒斯身上。
④ 伊特鲁利亚人,古意大利人的一支。

种冲动,也促成了奥林匹斯世界的诞生,有了这个世界,希腊人的"意志"有了一面让人升华的镜子。众神自己过了人的生活,从而为人生作了辩护——这就是惟一令人满意的神正论①。人们感到,在这些神祇的明媚阳光下生活是值得追求的,荷马式人的真正**痛苦**在于和这种阳光下的生活分离,尤其是很快死亡。我们可以将西勒尼的格言反过来用在他们身上:"对他们来说,最糟的是立即死亡,次糟的是迟早要死亡。"人们一再地为短命的阿喀琉斯②叹息,为人生的迅速变迁和英雄时代的没落悲叹。哪怕是最伟大的英雄,渴望活下去,甚至作为苦役活下去,也并不丢脸。在阿波罗阶段,"意志"强烈地渴望这种生活,荷马式人感到自己和生存融为一体,连叹息也成了生存的颂歌。

这里必须指出,近代人热切期盼的、席勒用"朴素"这一术语表达的人和自然的和谐统一,绝非简单的、自然产生的、似乎不可避免的、在每种文化的入口处**必定**会作为人类的天堂遇见的一种状态。相信这一点的只能有一个时代,即试图把卢梭的爱弥尔③看作艺术家,以为荷马是在自然的怀抱里孕育出来的艺术家的时代。但凡我们在艺术中遇到"朴素"的地方,我们都能看到阿波罗文化的最高境界:这种文化总是必先推翻泰坦帝国,杀死巨怪,然

---

① 神正论,认为神允许人世有恶是正确的哲学思想。德国哲学家莱布尼茨写过长篇论文《神正论》,宣扬信仰与理性的和谐一致,讨论恶的起源等。
② 阿喀琉斯,特洛亚战争中的英雄,特洛亚城陷落前战死。
③ 爱弥尔是卢梭同名小说的主人公。

后借助强烈的幻觉和快乐的幻想,战胜那种对世界穷根究底的可怕的沉思默想和多愁善感的脆弱天性。但是,达到这种朴素的境界,即与幻象之美完全融合为一体,这种情形是多么少见啊!所以**荷马**的崇高伟大是无与伦比的,他作为个体与阿波罗民族文化的关系,可以和个体的梦幻艺术家与民族的乃至自然的梦幻能力的关系相比。荷马的"朴素"只能理解为阿波罗幻想的完全胜利,而阿波罗幻想正是大自然为达到自己的意图所经常采用的一种幻想。真正的目的为某种幻象所遮蔽,我们伸手去抓后者,大自然则由于我们受骗而实现了前者。在希腊人身上,"意志"要通过创造力和艺术世界的升华而观照自己。为了赞美自己,意志的造物主必须首先感到自己值得赞美,他们必须在一个更高的境界里再度观照自己,而又不能让人觉得这个完美的被观照的世界是命令或责备的印象。这就是美的境界,他们在这里看到了他们自己的映象——奥林匹斯众神。希腊人的"意志"用这种美的观照对抗忍受痛苦、富于受苦智慧的艺术天赋。耸立在我们面前的素朴艺术家荷马就是这个"意志"获胜的纪念碑。

四

关于这位素朴艺术家,梦的类比可以给我们一些启示。倘若我们这样设想,做梦的人沉醉在梦的幻境之中,对自己高喊一声"这是一个梦,我要把它做下去",梦境却并没有因这喊声而被打破;倘若我们可以因此而推断,观照梦境带来某种深深的内心快乐,另一方面,倘若为了能带着观照的内心快乐做梦,而不得不完全忘却白昼及其可怕的烦心事,那么,我们对所有这些现象大概可以在释梦的阿波罗的指导下,作如下解释:生活分为醒和梦两个部分,前者肯定被认为重要得多,应更受重视,更受偏爱,更值得经历一番,甚至是惟一经历过的生活;我却以为,不管看起来多么荒谬,对于我们身为其现象的本质的神秘基础而言,应该得到重视的恰恰是梦。我愈在自然界中察觉到无比强大的艺术冲动,愈察觉到这种冲动中有对外观表象、对由外象而求解脱的热烈渴望,我就愈感到非得出这样的形而上假定不可:那真实的存在和太一作为永恒的受苦者和矛盾体,为了时时刻刻得到解脱,需要醉人的幻觉,需要悦人的外面表象。我们耽于这表象,由这表象所构成,必定会觉得这表象是真正的非存在,即在时间、空间和因果关系中永恒变化的过程,换句话说,会觉得是经验的真实。我们暂且离开我们自己的"真实"片刻,把我们的经验生存如同一般的世界存在那样,看成在每一个瞬间制造出来的太一的表象,那么我们就必定会把梦看作是**表象的表象**,从而把它看作是追求外观表象的原始欲望的更高满足。基于这同一个理由,人性的最深处对素朴艺术家和素朴艺术品怀有一种不可言状的快乐,而这艺术品也只是"表象的表象"。**拉斐尔**本人是这类不朽的素朴艺术家之一,他的一幅象征画给我们描绘了表象转化为表象的过程,即素朴艺术家同时也是阿波罗文化的原始过程。他的作品《变貌》①的下半部画了一个迷醉的男孩,几个绝望的扛夫,惊恐不安的门徒,画家以此反映了永恒的原始痛苦,世界存在的惟一理由,在这里,表象是永恒矛盾即一切造化之父的映象。犹如飘出一股沁人的芳香,从这表象中幻化出一个幻觉般的新的虚幻世界,那些囿于第一个表象世界的人是看不见这个新的虚幻世界的。它闪闪烁烁地飘浮在纯粹的欢乐之中,飘浮在毫无痛苦的、光芒四射的观照中。透过高度的艺

---

① 《变貌》,指耶稣面貌的神化。《新约·马太福音》第十七章记载:"过了六天,耶稣带着彼得、雅各和雅各的兄弟约翰,暗暗地上了高山,就在他们面前变了形象,脸面明亮如日头,衣裳洁白如光。忽然有摩西、以利亚向他们显现,同耶稣说话。"

术象征,我们看到了阿波罗的美的世界及其基础,看到了西勒尼的可怕智慧,并且直觉地领悟了它们之间互相依存的关系。但是,阿波罗却再次以个体化的原理的神圣体现者的姿态出现在我们面前,原始太一的永恒目标,即通过表象而得到解脱,只有在这原理中得以实现。阿波罗以其崇高庄严的姿态向我们表明,人们多么需要这整个痛苦世界,它促使个体人产生让人得到解救的幻觉,然后安坐在茫茫大海中的一叶颠簸小舟上,沉浸在对这种幻觉的观照之中。

如果人们设想的个体化的神化带有强制性,是用来制定规范的,那么它只知道一个法则——个人,即个人界限的遵守,希腊人所说的**节制**。道德之神阿波罗要求他的门徒节制、自知,惟有自知才能节制。因此,与美的审美必要性相伴的,是"认识你自己"和"勿过度"的要求;自傲与过度则被视为非阿波罗领域的与之敌对的恶魔,因而是阿波罗以前时代即泰坦时代的特征,是阿波罗以外的世界即野蛮世界的特征。普罗米修斯由于对人类怀有无比巨大的爱,不得不被兀鹰啄食;俄狄浦斯由于过分聪慧,解开了斯芬克司之谜①,注定陷入罪恶的深渊——这就是得尔菲神对希腊历史的诠释。

在阿波罗的希腊人看来,**狄俄尼索斯**激起的效果也是"泰坦

---

① 斯芬克司,希腊神话中的人首狮身怪物,住在忒拜附近的山洞里。过往行人猜不出她的谜,都被她杀死。俄狄浦斯猜出她的谜,被拥戴为忒拜王。

式的"和"野蛮的";不过他无法隐瞒,在内心里,他自己与被推翻的泰坦诸神和诸英雄有着亲缘关系。不仅如此,他还感觉到,他的整个生存及其全部的美和节制是建立在隐蔽的痛苦和认识的基础上的,正是狄俄尼索斯生存向他揭示了这个基础。看啊!阿波罗离开了狄俄尼索斯就不能生存!说到底,"泰坦"与"野蛮"和阿波罗因素一样必不可少!现在让我们设想一下,狄俄尼索斯节的狂欢声,那越来越诱人的具有魔力的旋律,传进这个建立在外观表象和节制之上、人为地加以抑制的世界,在这旋律中,自然在欢乐、痛苦和认识方面的限度被**大大超越**,变成了能穿透一切的狂呼大叫;试想,面对这疯狂的、声势浩大的群唱,那吟唱赞美诗、拨弄竖琴发出幽灵般乐声的阿波罗艺术家算得了什么呢!"表象"艺术的缪斯们面对在陶醉中说出真理的艺术,简直黯然无光,西勒尼的智慧冲着庄重的奥林匹斯诸神喊道:"啊,滚开!滚开!"原本遵守种种界限和恪守节制原则的个体,这时进入了狄俄尼索斯的忘我境界,忘记了阿波罗的规范。"**过度**"显示为真理,矛盾,由痛苦而生的狂喜从自然的心底迸发出来。凡狄俄尼索斯涉足之处,阿波罗精神就被抛弃、被毁灭。但另一方面,同样确定的是,在初次进攻被挡住的地方,得尔菲神的威望和尊严就比以往更显坚固,更具威力。我只能把**多立克**国家和多立克艺术解释为阿波罗神的永久军营,因为只有不断地抗拒狄俄尼索斯的泰坦的、野蛮的本性,一种如此固执而又脆弱、壁垒林立的艺术,一种如此尚武而又严厉的教育,一种如此残酷无情的国家制度,才能长久维持。

至此,我已经进一步论述了我在本文开头提出的论题:狄俄尼索斯精神和阿波罗精神如何通过连绵不断的新生互相提高,支配了希腊精神;"青铜器"时代及其巨神之争和粗陋的民众哲学如何在阿波罗美的冲动支配下,演进为荷马世界;这种"朴素的"壮美又如何被狄俄尼索斯的洪流所吞食;最后,面对这股新势力的崛起,阿波罗精神如何把自己升华为庄严古板的多立克艺术和多立克世界观。如果按照这两种敌对原则在斗争中的消长,把古希腊历史分为这样的四大艺术时期,那么,我们必然要追问:倘若最后达到的时期,即多立克艺术时期,并不是那些艺术冲动的顶峰和意图,那么这种演变和冲动的最终意图到底是什么?这时,我们的眼前出现了**阿提卡悲剧**和紧张热烈的酒神颂歌结合的伟大且备受赞扬的艺术杰作,它是两种冲动的共同目标,这两种艺术冲动在长期斗争后的神秘联姻在这个既是安提戈涅又是卡珊德拉①的孩子身上得到了完美的体现。

---

① 安提戈涅,俄狄浦斯的女儿,曾违抗克瑞翁王的禁令,埋葬兄长波吕尼克斯,被克瑞翁关进地牢,在牢中自杀。卡珊德拉,特洛亚公主,曾预言特洛亚城的陷落,但无人相信。

五

现在我们接近本文研究的真正目的了,这就是认识狄俄尼索斯和阿波罗创造力及其艺术作品,至少去感悟两者结合的奥秘。我们首先要问,在希腊人的世界里,那个后来发展为悲剧和紧张热烈的酒神颂歌的新萌芽首先在何处显露。对此,古代史本身给了我们形象的启示,古代人把**荷马和阿尔基洛科斯**[①]当作希腊诗歌的始祖和火炬手,并列雕刻在雕像和宝石饰物上,并确信惟有这两个同等杰出的巨擘才值得重视,从他们身上涌出的强大火流将贯穿希腊的世世代代。专注自身的年迈梦幻家荷马,这位阿波罗的素朴艺术家的典型,现在惊愕地看着狂放尚武的缪斯仆人阿尔基洛科斯兴奋昂扬的脑袋,近代美学在解释这个场面时只是说,这里

---

① 阿尔基洛科斯,公元前7世纪中叶希腊抒情诗人和讽刺诗人,对古希腊的诗歌、悲剧和早期喜剧有相当大的影响,古希腊人曾把他与荷马并列。

阿尔基洛科斯

荷马

与"客观"艺术家对峙的是第一个"主观"艺术家。这个解释对我们没有什么用处,因为在我们的心目中,主观艺术家是坏艺术家;我们求之于艺术的,无论哪个种类哪个高度的艺术,首先是战胜主观,解脱"自我",闭口不提任何个人的意愿和欲望;没有客观性,没有客观的、超然的观察,我们就无法相信有哪怕一点点真正的艺术创作。所以,我们的美学必须首先解决这样一个问题:"抒情诗人"怎么能是艺术家?各个时代的经验告诉我们,一个抒情诗人总是说"我",总是向我们吟唱他的激情和欲望。正是荷马身边的这个阿尔基洛科斯,大呼小叫地倾吐他的愤恨与嘲讽,如醉如狂地表白他的情欲,吓得我们心惊肉跳。如此说来,他,第一个被称为主观的艺术家,岂不是真正的非艺术家吗?然而,诗人所享有的尊崇该作何解释呢?难道不正是得尔菲的神托所,"客观"艺术的发源地,也用非常奇特的神谕,给予他极大的尊荣吗?

席勒曾用一个他自己也说不清楚,然而似乎并不可疑的心理观察向我们说明了他的创作过程。他承认,在创作前的准备阶段,他眼前或心中并没有一系列有条理的、有逻辑关系的形象,而是有一种**音乐情绪**。他说:"就我而言,感觉初起时并无确定的对象;这对象是后来才形成的。先产生某种音乐情绪,然后我才有诗的意念。"[1]我们再补充另一个例子,整个古代抒情诗历史中最重要的一个现象是,**抒情诗人**与**音乐家**结合乃至融合为一体,这一点在

---

[1] 席勒 1796 年 3 月 18 日致歌德的信。

任何地方都被视为非常自然,与此相比,近代抒情诗仿佛成了无头神像。举了这两个例子后,我们就可以根据先前阐明过的审美形而上学,用下述方式解释抒情诗人了。首先,他是狄俄尼索斯艺术家,完全与"太一"、与他的痛苦和矛盾融合为一体,用音乐制作太一的临摹画,倘若音乐极其正当地被称为世界的再现、世界的重铸。受阿波罗梦幻的影响,他觉得这音乐仿佛像一幅**譬喻性的梦境**,变得有形可视了。原始痛苦在音乐中的没有图像、不含概念的再现及其在表象中的解脱,现在产生了第二个映象,这是个别的譬喻或例证。在狄俄尼索斯的演变时期,艺术家就已经放弃了他的主观性。现在向他显示他与世界之心灵相统一的图像是一个梦境,它使原始矛盾、原始痛苦以及表象的原始快乐变得有血有肉,可以感知了。抒情诗人的"自我"呼喊来自存在的深谷,近代美学家所说的"主观性"实在是一种主观臆想。当希腊第一位抒情诗人阿尔基洛科斯向吕坎伯斯的女儿们表达他的痴情,同时又发泄他的蔑视时①,在我们眼前如醉如痴狂舞的并不是他的热情;我们看到的是狄俄尼索斯和他的侍女们,是舞之蹈之的醉汉阿尔基洛科斯醉入梦乡,如同欧里庇得斯在《酒神的伴侣》②中所描写的那样,在中午的阳光下,他在阿尔卑斯山的高山草地上酣睡。这时阿波罗走近他,用月桂枝轻轻拨弄他。于是,沉睡者身上狄俄尼索斯

---

① 据传,阿尔基洛科斯曾向吕坎伯斯的女儿求婚,被拒绝。阿尔基洛科斯对此十分恼火,写了一首诗,表达他的愤怒之情。
② 《酒神的伴侣》是欧里庇得斯的悲剧,死后才演出。

与音乐的魔力仿佛向四周喷射出如画的火花,这就是抒情诗,它发展到顶点就是悲剧和戏剧酒神颂。

雕塑家及其近亲史诗诗人沉浸在对形象的纯粹观察之中。狄俄尼索斯音乐家则无任何形象,他本身只是原始痛苦及其原始回响。抒情天才感觉到,从神秘的自弃状态和一体状态中产生了一个形象与譬喻的世界,在色彩、因果关系和速度等方面,这个世界与雕塑家和史诗诗人的世界迥然不同。雕塑家和史诗诗人只生活在这些形象中,而且只有在形象中他们才感到舒适快乐,他们不知疲倦地、充满爱心地、细致入微地观察它们,连最细小的特征也不放过。对他们来说,连愤怒的阿喀琉斯的形象也只是一幅画,他们怀着对表象的梦幻般喜悦欣赏他发怒的表情。因此,有了这面表象的镜子,他无须担心与他塑造的形象融合为一体。与此相反,抒情诗人的形象只是他自己,仿佛是他自己的种种不同的客观变体,无怪他作为那个世界的活动的中心,可以高喊"我"。只是这个"我"不同于清醒的、现实的人的"我",而是那个惟一的、真实存在的、永恒的、立足于万物之基础的"我",抒情诗人通过它的映象洞察事物的基础。现在让我们设想一下,他如何在这些映象中发现**自己**是非天才,即发现了他的"主体",那个由种种主观的、针对某一确定的、在他看来是现实的事物的激情和意愿组成的混合体。如果现在给人这样的印象,抒情诗人和与他相联系的非天才好像合为一体,前者用"我"这个小小的字眼谈论自己,那么,这个表象不能像以前曾经诱骗过那些称抒情诗人为主观诗人的人那样,诱骗我们了。实际上,阿尔基洛科斯这个既热烈地爱,又热烈地恨的人,只是创造力的一个幻影,已不再是阿尔基洛科斯,而是世界天才,他通过阿尔基洛科斯这个人的譬喻,象征性地说出了他的原始痛苦。那位有主观意愿和主观欲望的人阿尔基洛科斯永远成不了诗人。况且,抒情诗人根本无须把阿尔基洛科斯这个人作为永恒存在的映象置于面前;悲剧证明,抒情诗人的幻想世界可以远离那先期存在的现象。

叔本华不隐瞒抒情诗人给哲学艺术观带来的困难,并相信已经找到了一条我不能与之同行的出路。只有他通过他的深刻的音乐形而上学,获得了根本解决这个困难的手段,正如我本着他的精神,怀着对他的敬意,自认在本书中解决了该困难一样。然而,他却这样描述诗歌的本质:"充满歌者意识的是意志的主体,即自己的意愿,它常常是已经得到满足的、瓜熟蒂落的意愿(快乐),但更多的是受抑制的意愿(悲哀),始终表现为冲动、热情、情绪骚动的心境。除此之外,也是与此同时,歌者通过观看到周围的自然景物,意识到他是纯粹的、无意志的认识的主体,这种认识的不可动摇的、安详的宁静和始终受约束的、少得可怜的意愿的骚动形成鲜明的对比。这种对比和交替的感觉正是整篇诗歌所表达的东西,这种感觉就是抒情心态。在这种心态中,纯粹认识仿佛向我们走来,要把我们从意愿及其骚动中解脱出来;我们顺从地跟着走,但只跟了片刻。意愿,对我们个人目标的回忆总是一再地让我们放弃安静的观赏察看;但下一个纯粹的、无意志的认识在其中显现的优美景色又重新引诱我们离开意愿。这样,在抒情诗和抒情状态中,意愿(对个人的目的、兴趣)和对眼前景物的纯粹观看总是奇妙地相混合。人们探索、设想两者之间的关系。主观的情绪,意志的波动,使被观看的景物在反射时带上它的色彩,反之亦然。真正的诗歌就是这样一个既混合又分开的情绪状态的复制品。"①

通过这段叙述,谁还能看不出来,抒情诗在这里是被定性为不完善的、仿佛突然达到目的、很少达到目的的艺术,甚至是半艺术,其**本质**在于意愿和纯粹观看,即非审美与审美状态的奇妙混合?我们则认为,被叔本华当作价值尺度划分艺术的主观和客观的对立在美学中根本不适宜,因为主体,即有愿望的、追求一己目的的个人在这里只能设想为艺术的敌人,而不是艺术的源泉。但是,如果主体是艺术家,那么他就已经摆脱了个人意愿的束缚,仿佛成了中介;通过这个中介,一个真正存在的主体庆祝他在表象中的解脱。因为,不管这对我们是褒是贬,有一点我们必定十分清楚,整部艺术喜剧根本不是为我们,譬如说为了改造我们、教育我们而上演的,我们也不是那艺术世界的真正创造者。不过我们可以这样看,对于艺术世界的真正创造者来说,我们已经是图像和艺术投影,艺术作品的意义就是我们的最高尊严,因为只有作为**审美现象**,生存和世界才是永远**合理**的。另一方面,我们对我们的意义的

---

① 叔本华《作为意志和表象的世界》第一部,可参见中译本第 51 节,商务印书馆,1982 年版,第 346—347 页。

意识几乎无异于画布上的士兵对画布上所反映的战役所具有的意识。由此看来,我们的全部艺术知识从根本上说是完全虚幻的,因为我们作为知者,与那个作为艺术喜剧的惟一作者和观众、为自己提供永恒艺术享受的本质并不融为一体,并不等同。只有当天才在艺术创作时与这位世界原始艺术家融为一体,才能对艺术的永恒本质略有所知。因为非常奇妙的是,只有在这种状态,他才类似童话中能转动自己的眼睛看自己的神秘画像。此时,他既是主体,又是客体,既是诗人和演员,又是观众。

六

关于阿尔基洛科斯,学术研究发现,是他把**民歌**引进了文学,由于这个功绩,在希腊人的一般评价中,他得到了惟一与荷马同等的地位。史诗完全是阿波罗式的,与此相比,民歌是什么呢?它不就是阿波罗与狄俄尼索斯两者结合的永久痕迹吗?它广泛流布于所有民族,不断新生繁衍,扩大范围。这种情况向我们证明,自然的双重艺术冲动是多么强烈,这种冲动在民歌里留下它的痕迹,正如一个民族纵情狂欢的活动凝固在音乐中一样。在历史上肯定可以找到证据,证明任何一个民族丰产的时期如何强烈地受到狄俄尼索斯潮流的激发。我们始终须把这狄俄尼索斯潮流看作民歌的基础和前提。

但是,我们首先要把民歌视为音乐的世界镜子,视为原始的旋律,这旋律现在为自己寻找对应的梦境,并在诗歌里把它表现出来。**所以,旋律是最早出现的、普遍的东西**,因而能在多种歌词里承受多种客观变体。在百姓的朴素评价中,它也是重要得多、必要得多的东西。旋律产生诗歌,而且不断地重新产生诗歌。**民歌的诗节形式**所表明的就是这一点。我在观察这种现象时总感诧异,后来我终于找到了这个说明。谁运用这个理论研究民歌集,比如《男童的神奇号角》①,谁就会找到无数的例子,表明这连续不断生育的旋律怎样向四周放射出形象之火花。这火花绚丽多彩,变化万千,纷至沓来,令人目不暇接,透出一股缓缓流动的史诗未曾见过的强劲力量。站在史诗的角度,抒情诗的这个不均衡、不规则的形象世界简直该受谴责,忒潘德罗斯②时代阿波罗节日的庄严的行吟诗人肯定也是这么做的。

我们在民歌创作中发现,语言全力以赴**模仿音乐**。因此可以说,阿尔基洛科斯开创了一个与荷马世界根本对立的新的诗歌世界。这样,我们就描画出了诗歌与音乐、词语与声音之间惟一可能的关系:词语、图像、概念寻找一种可与音乐类比的表达方式,因而忍受音乐施予自己的暴力。在这个意义上,我们可在希腊民族的语言史上,根据语言模仿现象世界和形象世界还是模仿音乐世界,区分出两个主要潮流。只要读者深入思考荷马和品达罗斯③在语

---

① 《男童的神奇号角》(1806—1808),德国作家阿尔尼姆(1781—1831)和布伦坦诺(1778—1842)编辑出版的民歌集,广泛收集了德国古代和当代的民歌。
② 忒潘德罗斯,公元前7世纪古希腊音乐家,被视为七弦琴和基塔拉琴的发明者。
③ 品达罗斯(前522?—前442或前438),古希腊抒情诗人,写过各种合唱琴歌,如颂神歌、酒神颂等。

《男童的神奇号角》初版书影

贝多芬

贝多芬手稿

言色彩、遣词造句方面的区别,就能理解这一对立的意义,就会清楚地看到,在荷马和品达罗斯之间,肯定回响过**奥林匹斯欢腾狂放的笛声**,直到音乐已经十分发达的亚里士多德时代,这笛声依然使人陶醉激动,以其原始效果激发同时代人的一切诗歌表现形式去仿效它。这里,我提醒读者注意我们时代的一个众所周知的、我们的美学似乎反感的现象。我们一再地发现,某些听众在听一首贝多芬交响曲时,总情不自禁地产生图像的联想。其实,一首乐曲产生的种种不同图像的拼盘原本就异常五光十色,甚至相互矛盾;拿这样的拼盘练习可怜的机智,对真正值得阐述的现象却视而不见,恰恰符合这种美学的本性。纵使作曲家用形象标注他的乐曲,比如他把一首交响曲称为《田园交响曲》①,把一个乐章称为《小溪景色》,把另一乐章称为《乡民的欢聚》那也只是譬喻性的、产生于音乐的想象,而非音乐所模仿的对象。不管从哪方面看,这些想象都不能给我们指明音乐的**狄俄尼索斯**内容,甚至与其他图像相比,也没有自己特有的价值。现在,我们把这个将音乐拆卸成图像的过程移用到一个朝气蓬勃、富于语言创造力的人群身上,就能大致了解这种分诗节的民歌是如何产生的,模仿音乐这一新原则如何激发了全部语言能力。

如果我们把抒情诗看作用形象和概念模仿音乐闪射出的光

---

① 《田园交响曲》,贝多芬作品,又称《F大调第六交响曲》,是最早的一部标题交响曲。全曲分五个乐章,各章均有标题。第二乐章题为《小溪景色》,第三乐章题为《乡民的欢聚》。

芒,那么我们就可以这样问:"在形象和概念的镜子里,音乐**表现为什么?**"引用叔本华的一个词,它**表现为意志**,即审美的、纯粹观照的、无意志的情绪的对立面。这里,我们要尽可能严格地区分本质概念和现象概念,因为按其本质,音乐不可能是意志,如果它是意志,就必须完全被逐出艺术领域,因为意志本身是非审美的。然而,它却表现为意志。抒情诗人为了用形象表达音乐的现象,需要动用所有的情感,从温情脉脉的细语到雷霆万钧的怒吼。他有一种用阿波罗譬喻谈论音乐的冲动,这时,他把整个自然和自然中的自我仅仅理解为永恒的欲求者、追求者、渴求者。然而,只要他用形象解释音乐,他就安静地坐在那万籁俱寂的大海上,做阿波罗式静观,哪怕他通过音乐的媒介所看到的一切在他四周汹涌澎湃,喧闹骚动。当他通过这同一个媒介看到自己时,展现在他面前的是,他处于感情得不到满足的状态中,他自己的欲求、渴念、呻吟、欢呼是他用来为自己解释音乐的一种譬喻。这就是抒情诗人的现象,作为阿波罗天才,他用意志的形象解释音乐,他自己则完全摆脱了意志的欲火,是纯净透彻、洞察一切的神眼。

以上所论坚持一个观点,即抒情诗依赖音乐之精神,音乐则完全彻底地**不需要**形象和概念,只**容忍**概念的存在。除了已经极其广泛、普遍有效地蕴含在音乐中的东西,抒情诗人的诗不能表达任何其他东西,是音乐驱使他用形象说话。因此,音乐的宇宙象征是绝对不能用语言穷尽的,音乐象征性地涉及太一之核心的原始矛盾和原始痛苦,所以它象征着一个超出一切现象、先于一切现象的领域。比之于音乐,恐怕任何现象都只是譬喻。因此之故,**语言**作为现象的器官和符号,绝对不可能把音乐最深层的内核披露出来,它和音乐——只要它模仿音乐——永远只能停留在表面接触上,无论什么抒情诗的诗才都不能使我们更进一步探究到音乐的奥秘。

七

现在，为了在我们称之为**希腊悲剧的起源**的迷宫里找到路径，我们必须借助前面探讨过的所有艺术原理。倘若我说，这个起源问题迄今为止尚未严肃地提出过，更不用说已经解决，我想这并不是夸大其词，尽管古代流传下来的零星碎片一次又一次地缝了又拆，拆了又缝。古代传说明白无误地告诉我们，**悲剧是从悲剧的合唱队中产生的，**而且在发端时期只是合唱队而已。因此，我们必须把悲剧合唱队作为真正的原始戏剧，对它进行深入的考察，而不要满足于流行的种种有关艺术的陈词滥调，诸如合唱队是理想的观众，要在舞台上代表平民与贵族分庭抗礼云云。在某些政治家耳中，后一种解释听起来非常崇高，仿佛民主的雅典人那永不变更的道德法则在平民的合唱队里得到了体现，尽管国王们狂暴越轨、放纵无度，这个平民合唱队总是真理在握。尽管可以引用亚里士多德的话支持这个观点，但它与悲剧的起源却毫无关系，因为平民与贵族的对立,甚至可以说任何政治社会冲突,都不涉及纯粹宗教根源。有人说,在我们所熟悉的埃斯库罗斯和索福克勒斯作品中的合唱队的古典形式里可以感到"立宪人民代表制"的雏形,我们认为这是一种亵渎,但有的人却不怕亵渎。古代的国家宪法在实践上并没有实行过立宪人民代表制,但愿他们在他们的悲剧里对此连预感也没有过。

比这种政治解释更为著名的是 A. W. 施莱格尔①的观点。他建议我们在一定程度上把合唱队看作观众的化身和楷模,看作理想的观众。把这一观点与悲剧起源时只是合唱队这一历史传说加以对照,就可看出,这种观点是粗陋的、不科学的,然而闪光的见解。但是它的光泽只是得益于言简意赅的表达形式,得益于对一切所谓"理想"的东西的日耳曼式偏爱和我们一时的诧异。不错,一旦我们把我们熟悉的剧场观众与古代的合唱队加以对比,并且自问是否能从这群观众中提炼出类似悲剧合唱队的东西,我们就诧异万分了。在我们的内心,对这个问题的答复是否定的,我们既诧异于施莱格尔观点的大胆,也诧异于希腊观众具有完全不同的天性。我们一向以为,无论是谁,只要是真正的观众,他就必然意识到他面对的是一件艺术品,而不是经验的现实。相反,希腊人的悲剧合唱队则把舞台上扮演的角色看作真人实事。扮演海神女儿的合唱队真的以为他们看到的是巨神

---

① A. W. 施莱格尔(1767—1845),德国文学批评家和语言学家。

普罗米修斯,并且自认为和舞台上的神一样,自己实实在在就是海神的女儿。难道和海神的女儿那样,把普罗米修斯视为真身,视为真实的存在,就是最高级、最纯粹的观众类型?难道冲上舞台,把神从施暴者手中解救出来,就是理想观众的标志?我们一向相信审美的观众,认为一个观众越是把艺术作为艺术对待,加以审美观照,他就越有才智。现在,施莱格尔的观点却向我们暗示,完美的、理想的观众根本不是以审美的方式看待舞台上的世界,而是把它视为身历其境的生活。啊,我们为这些希腊人叹息!他们把我们的美学翻了个个儿!但是习惯成自然,只要谈到合唱队,我们就自然重复施莱格尔的名言。

但是古代流传下来的材料明确地否定施莱格尔的见解。没有舞台的合唱队本身即悲剧的雏形与理想观众的合唱队是水火不相容的。从观众这样一个概念产生的、"观众"为其真正形式的艺术是什么样的一种艺术门类呢?没有戏剧的观众是一个荒谬的概念。我们认为,悲剧的诞生恐怕既不能用对民众的道德智慧的尊重,也不能用没有戏剧的观众这个概念加以解释,这个问题实在深奥至极,如此肤浅的考察方式连皮毛也不能触及。

席勒早在《麦西拿的新娘》一剧的著名序言中,就已经对合唱队的意义发表过很有价值的见解。他把合唱队看作悲剧在自己四周筑起的一道活的围墙,旨在与现实世界完全隔离,为自己保有理想的土壤和诗歌的自由①。

席勒用他这个重要武器对抗自然主义的平庸概念,对抗强求于戏剧诗的妄念。席勒说,剧场里的日子只是人为划定的,舞台布景只是象征,韵文具有理想性质,然而从总体上说还有一种误解:把原本为一切诗歌本质的东西仅仅当作诗歌自由加以容忍是不够的。采用合唱队是具有决定意义的一步,人们以此公开而坦诚地向艺术中的任何自然主义宣战。我觉得,我们这个自命不凡的时代恰恰将这样一种观点轻蔑地标榜为"假理想主义"。我担心,我们现在如此敬重自然和真实,反而到达了理想主义的反面,即来到了蜡像馆的领域。正如在当代某些受欢迎的长篇小说中一样,蜡像馆里也有某种艺术。只是请别要求我们承认,这种艺术已经克服了席勒和歌德的"假理想主义"。

按照席勒的正确观点,希腊人的萨提尔合唱队,即原始悲剧的合唱队经常巡游的土地自然是"理想"之境,是高踞于芸芸众生的现实的人生轨道之上的。希腊人为这个合唱队建造了一座虚构的**自然状态**的空中楼阁,安置了虚构的**自然精灵**。悲剧在这个基础上产生,因而一开始就不具有酷肖现实的特性。但另一方面,它不是任意想象出来的、悬于天地之间的世界,而是一个其真实可信性和奥林匹斯及其诸神对虔信的希腊人所具有的真实性和可信性一样的世界。萨提尔作为狄俄尼索斯歌者生活在一种认可神话和仪典的宗教现实之中。悲

---

① 参见席勒《论合唱队在悲剧中的运用》(《麦西拿的新娘》序言,1803)。

剧以他为发端,悲剧的狄俄尼索斯智慧借他之口说话,这是与悲剧产生于合唱队一样令我们诧异的现象。倘若我提出这样的论点,即虚构的自然精灵萨提尔与文明人的关系和狄俄尼索斯音乐与文明的关系一样,我们也许就有了考察的出发点。理查德·瓦格纳说,文明为音乐所消融,如同烛光为日光所消融一样。同样,我相信,面对萨提尔合唱队,希腊的文明人觉得自己被融化了,狄俄尼索斯悲剧引起的下一个效应是,国家和社会,总而言之,人与人之间的一切沟壑樊篱都让位于强大无比的一体感,这种一体感让人们回归自然的怀抱。我已经指出,任何悲剧都给我们形而上的安慰,即从事物的本质上说,尽管其表现形式变化万千,生命却是坚不可摧、充满欢乐的。这种慰藉具体地体现在萨提尔合唱队中,体现在自然精灵的合唱队中,这些自然精灵顽强地生活在一切文明的深处,不可摧毁,而且历尽世代更替人间沧桑,他们依然故我,不改其性。

深沉的、惟一能感受细微至极、沉重无比的痛苦的希腊人用这种合唱队安慰自己。他们敢直视世界史的可怕浩劫,又敢于面对自然的残暴,而且陷于这样一种危险之中:渴望佛教式地否定意志。艺术救了他们,生命通过艺术为自己救了希腊人。

狄俄尼索斯的狂醉状态,包括他对生存的一般界限和樊篱的毁灭,在其持续的过程中含有**忘川**①的成分,过去亲身经历的一切

---

① 忘川,希腊神话中冥府的一条河流,死者的灵魂喝了忘川的河水,就忘记生前的一切事情。

都变得模糊不清,忘却了。这样,一条遗忘之河就隔开了日常现实世界和狄俄尼索斯现实世界。然而,一旦那个日常现实再度进入意识,人们就觉得它面目可憎,令人厌恶了。这种状态使人产生寡欲无为的情绪。在这个意义上,可以说狄俄尼索斯式的人与哈姆雷特有相似之处:两者都对事物的本质作过真正的探索,而且**悟到**了事物的本质,他们厌恶行动,因为他们的行动丝毫改变不了事物的永恒本质,他们觉得,要求他们重新构建散了架的世界是可笑或可耻的。认识扼杀了行动,人们需以幻想蒙面才能行动,这是哈姆雷特的教训,而不是梦幻者汉斯的廉价智慧,后者由于顾虑重重,仿佛面对数不胜数的可能性而无法行动。压倒任何导致行动的动机的不是顾虑,而是真知灼见,对可怖的真理的了悟,哈姆雷特也好,狄俄尼索斯式的人也好,无不如此。现在,任何安慰都无济于事了,渴念超越了彼岸世界,超越了神灵本身,生存及其在神灵身上或永生的彼岸世界的熠熠生辉的反照统统都被否定。人一旦意识到了他所看见的真理,他在四海之内看到的就只有生存的可怖悖谬了。现在,他明白了奥菲利亚①命运的象征意义,懂得了山林之神西勒尼的智慧,他心生厌恶了。

在他处于意志的极大危险之中时,救命仙子艺术降临了。惟有**艺术**才能把对悖谬可怖的生存感到的厌恶想法转化为能令人活下去的想象,这些想象就是:以艺术遏制可怖即**崇高庄严**,以艺术

---

① 奥菲利亚,莎士比亚《哈姆雷特》中主人公哈姆雷特的心上人。

化解对荒谬的厌恶即**滑稽可笑**。酒神颂的萨提尔合唱是希腊艺术的救世之举。在狄俄尼索斯随从的中间地带,先前描述过的突发的情绪得到了淋漓尽致的表达。

八

萨提尔和近代田园情调的牧人都是对原始的、自然的东西无限渴念的产物。然而,希腊人是多么坚定果敢地一把抱住森林之人①,而现代人则多么羞答答怯生生地与情意绵绵、弱不禁风的吹笛牧人的媚态形象调情! 希腊人把萨提尔看作尚未受过认识雕琢的、文化之闩尚未开启的自然,因此在他看来,萨提尔不能和猿猴视为一体。相反,他是人的原型,是人的最高级最强烈的情感的表达,是由于神灵在旁而欣喜若狂的狂欢者,是感受神灵痛苦的难友,是来自自然深处的智慧先知,是自然的性之万能力量的象征,希腊人对这种力量总是敬而仰之,惊而叹之。在眼露悲苦的狄俄尼索斯式的人看来,萨提尔是崇高而神圣的东西,换成矫揉造作的牧羊人会使他感到侮辱。他的眼光流露出崇高的满足感,注视大

---

① 指森林之神。

自然毫无掩饰雕琢、充满生气的画卷,这里,蒙在人的本来面目上的文明幻影一扫而光,露出了真实的人,长胡子的萨提尔,他在向他的神灵欢呼。和他一比,文明人变得十分渺小,成了一个谎话连篇的漫画式人物。关于悲剧艺术的这些最初萌芽,席勒的观点也是正确的。他说,合唱队是防御现实进击的一堵活的墙壁,因为与自以为是惟一现实的文明人相比,萨提尔合唱队更真切、更真实、更完整地反映生活。诗歌领域并不是诗人头脑中想象出来的空中楼阁,存在于世界之外。恰恰相反,它要不加修饰地表现真实,因此必须舍弃文明人所谓现实的骗人包装。真正的自然真理与自以为惟一真实的文化谎言之间的对立可与事物之永恒核心即自在之物与全部现象世界之间的对立相比。正像悲剧以其形而上安慰指出现象不断毁灭,而生存核心永恒存在那样,萨提尔合唱队这个象征已经用譬喻表明了自在之物与现象之间的原始关系。现代人田园式的牧人只是被他看作自然的全部虚幻教育的模拟像。而狄俄尼索斯式的希腊人要的是最原始的、最有力的真理和自然——他看见自己幻化成了萨提尔。

怀着这样的情绪和认识,狄俄尼索斯信徒的狂欢队伍一边欢呼一边行进,他们的力量使他们自己在自己的眼里发生变化,他们似乎看见自己变成了再生的自然精灵,变成了萨提尔。后来的悲剧合唱队结构是对这个自然现象的艺术模仿,不过在模仿时自然必须区分狄俄尼索斯观众和狄俄尼索斯着魔者。只是有一点,我们必须时时记住,那就是阿提卡悲剧的观众又发现自己置身于乐队的合唱队之中。从根本上说,观众和合唱队并不相互对立,因为大家都在一个由又歌又舞的萨提尔或由萨提尔所代表的人组成的大合唱队里。在这里,施莱格尔的话必定向我们展示更深一层的意义。如果说合唱队是惟一的**观众**,是舞台幻想世界的观众,那么他就是"理想观众"。我们所说的由观者组成的观众,希腊人不知为何物。在他们的剧场里,每一个坐在圆弧形的级级升高的梯形观众席上的人都可能对自己周围的整个文明世界**视而不见**,在全神贯注时觉得自己就是合唱队的一员。根据这个看法,我们可以把原始悲剧最初阶段的合唱队称为狄俄尼索斯式人的自我映照。这一现象可以用演员的体验最清楚地加以说明,有真才实学的演员看见他所扮演的角色栩栩如生地浮现在眼前。萨提尔合唱队首先是狄俄尼索斯群众的幻觉,如同舞台世界是这支萨提尔合唱队的幻觉一样。这个幻觉的力量极其强大,致使人们忘却了"现实",模糊了投向坐在四周一排排座位上的文明人的视线。希腊剧场的形式使人联想起一座孤寂的山谷,在山中四处遨游的酒神狂女从高处俯视时,整座舞台建筑就像一朵光芒四射的云彩,宛如四周饰以美丽边框的场地,狄俄尼索斯的形象在场地中央向他们显现。

倘若人们对基本艺术过程进行学究式的考察,那么,我在这里为了解释悲剧合唱队而提到的这一艺术原始现象几乎会令人厌恶。然而确定无疑的是,诗人之所以成为诗人,是因为他看见人物形象围在他四周,在他面前生活行动,他能看到他们的内心本质。

由于现代本能的一个特有的弱点,我们往往把审美的原始现象想象得过于复杂、过于抽象。对于真正的诗人来说,比喻不是修辞手段,而是替代某一概念、真正浮现在他眼前的一幅图像。对他而言,角色不是由某些个别特性拼凑在一起的集合体,而是在他面前活动的活生生的人,他的人物与画家的同一种幻象的惟一区别在于他的人物在继续生活,继续行动。荷马为什么比所有其他诗人都描绘得更加生动具体?因为他比别人观察得更多。我们谈论诗歌时都非常抽象,因为我们大家通常都是蹩脚诗人。从根本上说,审美现象是简单的。一个人只要能够不断地观察生动活泼的游戏,持续地生活在精灵中间,他就是诗人;一个人只要感到有改变自己的冲动,要借别人之身别人之口说话,他就是戏剧家。

狄俄尼索斯的亢奋情绪能将这种艺术才能传染给整整一群人,看到自己被这样一群精灵所包围,感到内心和他们合为一体。悲剧合唱队的这一幻化过程是**戏剧**的原始现象:在自己眼前看见发生变化,现在以他人之身行动,仿佛真的进入另一个肉体,变成了另一个人。这一过程乃戏剧之发端。这里有某种不同于行吟诗人的东西,行吟诗人并不与他的人物形象融合为一体,而是像画家那样,用静观的眼睛观看身外的事物。这里已经可以看到个体因投身于异体而消失的现象。而且这种现象具有传染性,成群结队的人感到自己着了魔,发生了相同的变化。因此,酒神颂与其他合唱有本质的区别。那些手持月桂枝、唱着祭祀游行歌曲、庄严地向阿波罗寺庙行进的少女依然保留着自己的身份和自己的名字,而酒神颂合唱队却是被变形者的合唱队,他们完全忘记了他们在人世间的过去和社会地位,变成了生活在任何社会领域之外的、他们所崇奉的神灵的永恒仆人。希腊人的所有其他合唱诗都只是阿波罗单个歌者的进一步发展,而在酒神颂里,站在我们面前的是由不自觉的演员组成的群体,他们彼此看到各自发生了变化。

着魔是一切戏剧艺术的前提。在这种着魔状态中,狄俄尼索斯狂欢者把自己视为**萨提尔,而作为萨提尔,他又看见了神**,就是说,他在变化过程中看见了一个新的幻象,这新幻象就是他的状态的阿波罗式完成。戏剧随着这个幻象而告完成。

按照这个认识,我们必须把希腊悲剧理解为不断地演化为阿波罗现象世界的狄俄尼索斯合唱队。所以在一定程度上,把悲剧衔接起来的合唱部分是全部所谓对话的母腹,即孕育整个形象世界和戏剧本身的母腹。在多次连续演化过程中,悲剧的原始根基放射出戏剧的幻象。这个幻象一方面完全是梦幻现象,因而具有史诗性质;但另一方面,作为狄俄尼索斯状态的客观化,它又不是在表象中的阿波罗式解脱,而是个体的瓦解,个体与原始太一融为一体。可以说,戏剧是狄俄尼索斯认识与效力的阿波罗式感性化,因而与史诗有天壤之别。

有了这样的见解,希腊悲剧的**合唱队**,全体狄俄尼索斯般兴奋激动的群众的象征,就可获得充分的解释。以往,我们因为习惯于合唱队在现代舞台上的地位,特别是歌剧合唱队的地位,就根本不能理解希腊悲剧合唱队何以比"戏剧动作"本身更古老、更原始,甚至更重要,尽管这原本就是清清楚楚流传下来的东西;由于希腊悲剧合唱队的成员都是些卑微的下人,甚至开始时只是山羊似的萨提尔,我们就不能把它与那流传下来的高度重要性和根据性相联系;舞台前的乐队对我们来说始终是一个谜。那么现在我们明白了,从根本上说,舞台以及舞台上的戏剧动作开始时只是当作**幻象**,惟一的"真实"是合唱队,合唱队从自身制造出幻象,用舞蹈、音乐、道白的全部象征手段谈论它。这个合唱队在它的幻觉中看见它的主人和导师狄俄尼索斯,因此永远是**为之服务**的合唱队,它观看这位神如何受苦,如何赞颂自己,因而它自己不**行动**。合唱队处于这种从属地位,却是**自然**的最高表达,即狄俄尼索斯表达,并且如同自然那样,在激情中说出神谕和格言警句。它是神的**难友**,同时又是从宇宙核心宣告真理的**智者**。这样就产生了那个奇妙的,又显得粗俗的智慧而热情的萨提尔形象,与神相比,他同时又是个"愚人",是自然及其种种强烈无比的冲动的化身,是自然的象征,又是自然的智慧和艺术的宣告者:他集音乐家、诗人、舞蹈家和巫师于一身。

按照这一认识和传统,真正的舞台主角和幻象中心**狄俄尼索斯**在悲剧的最初阶段并不真正出场,而只是被想象为出场,也就是说,最初悲剧只是"合唱",而不是"戏剧"。后来人们才试图把这位神灵作为真实的神显现出来,让每个人都能见到这个幻觉形象及其灿烂神圣的背景,狭义的"戏剧"随之发端。现在酒神颂合唱队的任务是,激发观众的情绪,让他们达到狄俄尼索斯的狂醉程度，从而使他们在悲剧主角出现在舞台上时看到的不是戴着奇形怪状面具的人，而是仿佛由自己恍惚迷离的心态产生的幻觉形象。我们不妨设想一下阿德墨托斯①，他魂牵梦绕地思念着新亡的妻子阿尔刻斯提斯，脑海中出现的总是她的倩影，这时一个容貌和步态都像他妻子的女子蒙着面纱，突然被带到他的面前，我们可以想象一下他此时突然感到的骚动不安，飞速的比较，直觉的确信——这样我们就会有类似处于狄俄尼索斯兴奋痴迷状态的观众看见已经与其痛苦合而为一的神灵出现在舞台上时所感受到的感觉了。他不由自主地把他心灵中魔幻般颤动的整个神灵形象移到那个戴面具的角色身上，仿佛把真实的演员化为幽灵般的虚幻之物。这就是阿波罗的梦幻状态，在这种状态中，白昼的现实世界披上了一层面纱，变得朦胧了，一个比她更清晰、更易理解、更感人，然而又更像鬼影的新世界不断交替变化着在我们眼前诞生。与此相关，我们发现悲剧中存在两种风格的根本对立：合唱队的狄俄尼索斯抒情诗和舞台的阿波罗梦境是两个完全不同的表达领域，其语言、色彩、话语的灵性和力度等有天壤之别。狄俄尼索斯在其中客观化的阿波罗现象不再像合唱队音乐那样，是"永恒的大海，不断交

---

① 阿德墨托斯，希腊神话中阿尔戈英雄之一，因举行婚礼时未向狩猎女神献祭，女神大怒，在新婚床上放了一条毒蛇，这是新郎短命的象征。经阿波罗求情，女神答应，如阿德墨托斯亲人中有人愿代他去死，可免阿德墨托斯一死。其妻阿尔刻斯提斯愿代丈夫就死，阿德墨托斯得以活命。赫剌克勒斯在地狱入口处抢回阿尔刻斯提斯，把她送到阿德墨托斯面前。

替的编织,火热的生活"①,不再是那种使兴奋的狄俄尼索斯仆人感到神就在近旁的只能感受,不能浓缩为图像的力量。现在从舞台上向他说话的是清晰、确定的史诗;现在,狄俄尼索斯不再通过力量,而是以史诗主角的身份,几乎用荷马的语言说话了。

---

① 歌德《浮士德》第一部,第505—507行。郭沫若译为:
  一个永恒的大海,
  一个连续的波浪,
  一个有光辉的生长。
人民文学出版社,1959年版,第27页。

九

在希腊悲剧的阿波罗部分即对话中,所有突至表面让人见到的东西看起来都是单纯、透明、美丽的。在这个意义上可以说,对话是希腊人的化身,他的本性在舞蹈中表露无遗,因为在舞蹈里,最强大的力量只是潜在的,却通过灵活敏捷、多姿多彩的动作表现出来。因此,索福克勒斯的英雄的语言以其阿波罗式的确切与明快让我们感到如此意外,致使我们以为看到了他们最内在的本质,并且略微诧异于深入本质的道路竟如此之短。然而,倘若我们撇开英雄浮现到表面清晰可见的性格——这性格不外是投射到黑暗墙壁上的影像,即彻头彻尾的现象——倘若我们深入到投射在这些明亮映象中的神话本身,那么我们就突然体验到与熟知的光学现象相反的现象。当我们试图用肉眼观察太阳,感到目眩而掉过脸时,我们的眼前就会有黑暗的色斑,仿佛是疗治眼睛的药物。反过来,索福克勒斯英雄的明亮的映象,简言之,面具的阿波罗因素,是观察自然的内在奥秘和可怖本性的必然产物,如同治疗受恐怖黑夜伤害的眼睛需要亮斑一样。只有在这个意义上我们才能认为我们正确理解了"希腊达观"这一严肃而重要的概念。而在现代,我们随处都可见到达观这一概念被误解为平安惬意的现象。

在索福克勒斯看来,不幸的**俄狄浦斯**这个希腊舞台上最悲惨的人物是一位高尚的人。他虽然聪慧过人,却命中注定要犯错受苦,但是由于他承受了巨大的痛苦,最终他对四周产生了一种神秘的、福气四溢的力量,这力量在他去世后仍起作用。这位深沉的诗人想告诉我们,高尚的人不犯过错。任何法律,任何自然秩序,甚至整个道德世界,都会由于他的行为而毁灭,正是这个行为产生了一个更高的神秘影响区,这些影响力在被摧毁的旧世界的废墟上建立起一个新世界。这就是诗人——倘若他同时又是宗教思想家的话——要告诉我们的东西。作为诗人,他首先给我们看一个结得严严实实的讼案之结,法官一环一环地解开这个结,自己也随之毁灭。这种辩证的解决激起的真正希腊式的快乐如此之大,以致一股欢快之气贯通整个作品,减弱了这个讼案的可怖前提的锋力。在《俄狄浦斯在科罗诺斯》①剧中,我们又发现了这同一种欢快,不过那是无限神化的欢快。一方面是这位遭受大苦大难的老人,他全然是个**受苦人**,屈从命运的摆布;另一方面又从神界降下超凡的

---

① 《俄狄浦斯在科罗诺斯》,索福克勒斯写的悲剧。科罗诺斯位于雅典附近,是俄狄浦斯最后居住和逝世的地方。

欢快,并喻示我们,英雄由于采取纯粹被动的态度而达到远远超越他的生命的、最高度的主动性,而他以往的思想和追求却使他只能陷于消极被动。这样,那个在常人看来无法解开的俄狄浦斯故事的死结就慢慢解开了,当我们看到辩证法的这一神圣的对立物时,人间最深沉的欢乐不禁涌上我们的心头。如果这个解释切中诗人的本意,那么我们还可以问,神话的内涵是否已经穷尽?我们看到,诗人的全部见解不外是我们看了一眼深渊后,治疗百病的自然提供给我们的那个光亮的映象。俄狄浦斯弑父娶母,破了斯芬克司之谜!这种命运的神秘的三重性告诉我们什么呢?有一个古老的,尤其在波斯流传的民间迷信认为,智慧的巫师只能由乱伦而生。考虑到破谜和娶母的俄狄浦斯,我们马上就可以这样解释这种民间信仰:凡是预见未来而又神秘莫测的力量打破了现在和未来的约束、僵化的个体化法则,甚至自然的真正魔力的地方,必定有巨大的违背自然的事件——比如这里所说的乱伦——已经作为原因先期发生。因为,倘若人们不通过非自然的手段反抗自然,战胜自然,怎么能迫使自然暴露它的奥秘呢?我看到,俄狄浦斯可怕的三重厄运清楚地体现了这个道理。那破解自然——双重变态的斯芬克司——之谜的人必定要破坏神圣的自然秩序,弑父娶母。这个神话似乎要轻轻地告诉我们,智慧,尤其是狄俄尼索斯智慧是违反自然的暴行,谁用知识把自然推入毁灭的深渊,谁就得在自己身上体验自然的瓦解。"智慧之矛调转矛头刺向智者,智慧是对自然的犯罪",这是神话向我们高喊的可怕语句。但是,希腊诗人却像一束阳光那样,抚摸这个神话的庄严可怕的门农之柱①,使它突然用索福克勒斯的旋律发出鸣响。

现在,我将照耀埃斯库罗斯的**普罗米修斯**的主动的光荣与被动的光荣作对比。思想家埃斯库罗斯要告诉我们他作为诗人只想通过类似譬喻的形象让我们感悟的东西,青年歌德借用普罗米修斯之口,用一番豪言壮语作了揭示:

我坐在这里造人,

按照我的形象,

一个类似我的族类,

他们像我一样,

受苦,哭泣,

享乐,欢喜,

不把你看在眼里!②

升华到巨神界的人争得了他的文明,迫使诸神与他结盟。因为他凭借他特有的智慧,把他们的生存和界限操在手里。这首普罗米修斯诗按其基本思想本是对不敬神的赞美,然而诗中最奇妙的东西却是埃斯库罗斯对**正义**的深深的渴求:一方面是勇敢的"个人"的无限痛苦,另一方面是神的困境,对诸神末日的预感,这

---

① 门农,特洛亚战争中的英雄。希腊人把埃及阿门科忒佩三世的雕像称为门农。据传,该雕像在第一束阳光照到身上时发出类似人声的哀鸣。

② 这是歌德的诗《普罗米修斯》中的一节。

两个受苦世界的迫使两者和解,达到形而上统一的力量,所有这一切极其强烈地促使我们想起埃斯库罗斯世界观的核心和要旨,按他的世界观,作为永恒正义的摩伊拉①高踞于诸神和人类之上。埃斯库罗斯把奥林匹斯世界放到他的正义天平上,真是勇敢非凡,面对这一点,我们不禁想到,深沉的希腊人在秘密的宗教仪式中有一种不可动摇的坚定的形而上思想基础,会冲着奥林匹斯发泄他们种种突发的怀疑。尤其是希腊艺术家,面对这些神灵时有一种互相依赖的朦胧感觉,正是在埃斯库罗斯的普罗米修斯身上,这种感觉得到了象征性的表现。这位艺术巨擘身上有一种坚强的信念,坚信自己能创造人,至少能毁灭奥林匹斯诸神。他以其高度智慧从事这个业绩,当然,他不得不为此而永远受苦,借以赎罪。这位伟大天才的杰出"才能"(为此而永恒受苦的代价算不得什么),**艺术家**的苦涩的自豪,这就是埃斯库罗斯作品的内容和灵魂;而索福克勒斯在他的俄狄浦斯剧中奏起了**圣徒**凯旋曲的序曲。然而,即使用埃斯库罗斯对神话的解释也不能测出神话所蕴含的深不可测的恐怖。毋宁说,艺术家对成长感到的快乐,蔑视一切灾难从事艺术创作的欢乐,只是蓝天白云映照在黑暗的悲伤之湖上的明亮倒影罢了。普罗米修斯传说是雅利安各民族共同的原始财产,是他们善于感受忧郁悲惨的东西的天赋的证据。这一神话之于雅利安人,很可能与堕落神话之于闪米特人具有相同的表征意义,两个

---

① 摩伊拉,希腊神话中的命运三女神,同时也指神和人的命运、劫数。

神话之间有着兄妹般的亲属关系。普罗米修斯神话的前提是天真的人类赋予**火**以极大的价值,把火看作每一种新兴文化的守护神。但是,人自由地支配火,人得到火不只是靠上苍的馈赠,如点燃一切的闪电,温暖一切的阳光,这在沉思的原始人看来真是一种罪过,是对神圣自然的掠夺。于是,这个原始哲学问题就在人神之间设置了一个令人为难的、无法解决的矛盾,如同一块巨石,把它横在每种文化的门前。人类所能分享的最宝贵的东西是通过犯罪争取到的,人类不得不为此承受其后果,即忍受被冒犯的上天降给正在兴起的人类的痛苦与苦难之长河。这是个苦涩的思想,它赋予罪恶以**尊严**,并以此尊严与闪米特的堕落神话相区别。在这堕落神话里,好奇、欺骗、脆弱、色欲,总之,一系列主要是女性的爱好被看作罪恶之源。使这一雅利安观点显得突出的是把这种**积极进取的罪孽**看作真正普罗米修斯德行的崇高见解。同时,我们由此发现了悲观悲剧的伦理基础,即为人类的不幸**辩护**,既为人类的过错辩护,又为由此产生的苦难辩护。事物本质中的不幸(深沉的雅利安人无意加以抹杀),世界内心的矛盾,在他面前显现为诸如神灵世界和凡人世界等不同世界的交错混杂。每个世界作为个体都是合理的,但它们与其他世界并列时,却要为自己的个体化受苦。当个人勇敢地融入一般,试图摆脱个体化的引力,想成为**整体**的世界生灵本身时,他就亲身遇到了隐含在事物中的原始矛盾,也就是说,他亵渎并因而受苦。雅利安人视亵渎为男性,闪米特人视罪孽为女性,正如原始亵渎由男人所犯,原罪为女人所犯。况且男巫合

阿特拉斯

唱队如此唱道：

> 女人已走千步长，
> 我们无须细较量，
> 不管女人多卖力，
> 男人一跃便赶上。①

谁理解了普罗米修斯传说的实质，即泰坦般奋发向上的个体必然要亵渎神灵，他同时就必定会感觉到悲观观点的非阿波罗成分。因为阿波罗恰恰在个体之间划出界限，一再提醒他们，这些界限是神圣至极的、要求人们"认识自我"和"适度"的世界法则，以此安抚个人。为了使形式在出现阿波罗倾向时不至变得埃及式的僵硬冷漠，为了在设法画定道道波浪行进的轨道和范围时，不致使整个湖面变成一潭死水，失去活力，狄俄尼索斯的洪流巨浪又不时地冲毁阿波罗意志企图制约希腊精神的所有小小的规矩。那骤然暴涨的狄俄尼索斯洪流背负起众多个体的小小波浪汹涌向前，就像普罗米修斯的兄弟、泰坦巨神阿特拉斯②背负着地球一样。要成为肩负所有个人的阿特拉斯，用巨背将所有个人越举越高，越举

---

① 歌德《浮士德》第一部，第 3982—3985 行。郭沫若译为：
  男子不必尽斯文，
  女人纵快一千步，
  男子一跃便赶上，
  女人虽快复何如！
  人民文学出版社，1959 年版，第 215 页。
② 阿特拉斯，泰坦伊阿佩托斯和克吕墨涅之子，曾与其他泰坦一起反对宙斯，失败后被罚去顶天。

越远这一强烈渴望是普罗米修斯精神和狄俄尼索斯精神的共同点。在这个意义上,埃斯库罗斯的普罗米修斯是狄俄尼索斯的面具,而先前提到的埃斯库罗斯对正义的深深追求则表明,就父系而言,他源于阿波罗这位个体化和正义界限之神,源于这位明智者,埃斯库罗斯的普罗米修斯的双重性格,他兼有的狄俄尼索斯和阿波罗本性可用下面一句概念化的话加以表达:"一切存在既公正又不公正,在两种情况下都同样合理。"

  这就是你的世界!这就叫世界![1]

---

[1] 歌德《浮士德》第一部,第409行。郭沫若译为:
    这便是你的世间!
    这也算是个世间!
  人民文学出版社,1959年,第23页。

十

　　一个无可争辩的传说是,最古老形态的希腊悲剧只表现一个题材:狄俄尼索斯的痛苦,很长一段时间里狄俄尼索斯是惟一的舞台主角。不过,可以同样肯定地说,在欧里庇得斯以前,狄俄尼索斯一直是悲剧主角,希腊舞台上的普罗米修斯、俄狄浦斯等所有著名的角色统统是那个原始主角狄俄尼索斯的面具。所有这些面具后面隐藏着一个神,这就是这些著名角色所具有的、经常为大家所赞叹的、典型的"理想"。我不知道是谁曾经断言,所有个人作为个人都是可笑的,因而是非悲剧性的。从这个说法可以推断,希腊人根本不能忍受舞台上的个人。看来,他们真是这么感受的,柏拉图对"理念"和"偶像"、复制品的区分和评价正是深深地植根于希腊人的本质之中。如果我们采用柏拉图的术语,那么我们可以这样谈论希腊舞台的悲剧人物塑造:真正真实的狄俄尼索斯以许多不同的形象出现,是戴着面具的英勇战斗的英雄,陷入了一张个人意志的大网。看那位出场的神说话和行动的样子,就像是一个迷误的、奋争的、受苦的个人。他**显得**史诗般明确清晰,要归功于释梦者阿波罗,阿波罗用那个比喻性现象向合唱队解释了他的狄俄尼索斯状态。而实际上,这个英雄正是神话中受苦的狄俄尼索斯,那个亲身体验个体化痛苦的神。许多奇妙的神话说明,他出生后如何被泰坦诸神撕碎,又如何在这种状态下作为查格琉斯①受到尊崇。此说法暗示,这种肢解,即本来意义上的狄俄尼索斯**痛苦**,如同化为气、土、水、火,我们须把个体化状态视为一切痛苦的根源和始因,视为卑下的东西。狄俄尼索斯的微笑产生了神,他的眼泪产生了人。作为被肢解的神,狄俄尼索斯具有双重性:既是残暴野蛮的恶魔,又是温和仁慈的明君。然而,秘仪信徒②却寄希望于狄俄尼索斯的再生,现在我们充满预感地把他的再生看作个体化的终结:秘仪参与者向新生的第三个狄俄尼索斯热烈欢呼,歌声震天。被撕碎的、肢解为个体的世界只因抱有这种希望,才在脸上露出喜悦的光芒。神话形象地说明了这一点:沉浸在永恒悲伤中的得墨忒耳③听说她能**再次**诞生狄俄尼索斯时,第一次重开**笑脸**。上述观点已经包含了深沉而悲观的世界观的所有要素,同时也包

---

① 查格琉斯,俄耳浦斯教派信徒给酒神狄俄尼索斯的别名。他们认为狄俄尼索斯原为宙斯和佩尔塞福涅所生,名叫查格琉斯,后被泰坦撕碎,从塞墨勒腹中二次诞生。
② 指厄琉西尼亚神秘仪式的参加者。在古希腊厄琉西斯一带为祭祀得墨忒耳和佩耳塞福涅,举行各种神秘仪式,对狄俄尼索斯的崇拜对这些庆祝活动有所影响。
③ 得墨忒耳,希腊神话中丰收和农业女神,也是家庭和婚姻的保护神。

含了悲剧的神秘学说,即存在万物皆为一体的基本认识,视个体化为恶之根源的观点,艺术是指望个体化得以打破的可喜希望,是统一会重建的预感。

前面已经指出,荷马史诗是奥林匹斯文化的诗作,是奥林匹斯文化赢得可怕的泰坦战争的赞歌。现在,在悲剧诗歌的强大影响下,荷马神话重新投胎降生,它们的轮回转生表明,现在,连奥林匹斯文化也被一种深刻的世界观所战胜。顽强的泰坦巨神普罗米修斯向折磨他的奥林匹斯神宣布,倘若他不及时和他联合,他的统治就将面临巨大的危险。在埃斯库罗斯作品里,我们看到了惊恐不安、担心末日来临的宙斯和泰坦诸神结为联盟。这样,事后又把以前的泰坦时代从塔耳塔罗斯①中放出,使它重见天日,野蛮赤裸的自然的哲学带着真理的坦然表情,看着在它面前飘然而过的荷马世界的神话。面对这位女神闪电般的目光,这些神话脸色苍白,浑身发抖,直到狄俄尼索斯艺术家强有力的巨掌迫使他们为新神服务。狄俄尼索斯真理接收了整个神话领域,作为**它的**认识的象征,分别在悲剧的公开祭礼或戏剧性的神秘节日的秘密庆祝活动上宣告它的这些认识,不过,这些认识始终披着古老神话的外衣。是什么力量把普罗米修斯从鹰爪中解放出来,把这个神话转变为狄俄

---

① 据《伊利亚特》,塔耳塔罗斯是宙斯囚禁泰坦的地方,为冥界下面暗无天日之深渊。

尼索斯智慧的车驾？是音乐的赫剌克勒斯①般巨大的力量。这音乐在悲剧中臻于完善,善于对神话作出新的深刻的诠释,我们以前已经把这称为音乐最了不起的能力。因为这是每个神话的命运：它们先是一步步潜入某种所谓历史现实的狭小天地,后来到了某个时代被当作具有历史意义的独一无二的事实。希腊人早已准备把他们整个神话般的青春梦想巧妙而任意地改写为实用史学的**青年期历史**。这种情况有如宗教的消亡：当一种宗教的神秘前提在严格而理智的正统教义的监视下,被系统化为历史事件的总和,当人们开始忐忑不安地为神话的可信性进行辩护,却又抗拒宗教自然而然地继续生存和传播,当对神话的感情逐渐枯萎,被宗教需要历史基础的要求取而代之时,宗教就消亡了。现在,新生的狄俄尼索斯音乐的天才抓住了濒临死亡的神话,神话在他的手里再一次繁荣复兴,呈现出从未有过的绚丽色彩,散发出使人产生一个形而上世界就要来临的渴望和预感的芬芳香气。经历了这次回光返照后,神话就凋零了,它的枝叶枯黄了,古代冷嘲热讽的卢奇安②们很快就去追逐四散飘落、枯黄凋败的花朵。神话通过悲剧获得了深刻的内容和完美的形式;如同受伤的英雄,他再一次挺起身,他的全部过于充沛的力量,死者充满智慧的安详宁静在他的眼睛里熊熊燃烧,放射出最后的灿烂光辉。

---

① 赫剌克勒斯,希腊神话中最有名的英雄,曾完成"十二件奇迹",在现代语言中是"大力士"的代名词。
② 卢奇安(约120—?),希腊讽刺散文作家。

傲慢的欧里庇得斯,当你试图迫使这位临终者再次为你服役时,你要的是什么? 他死于你强暴的手下;你现在需要一个仿制的冒牌神话,它就像赫剌克勒斯的猴子那样,只知道用旧的豪华衣装打扮自己。你不仅失去了神话,你也失去了音乐的天才。即使你贪婪地把所有音乐之国掠夺一空,你能完成的也只是仿制的冒牌音乐。你离弃了狄俄尼索斯,阿波罗也就离你而去。你把所有热情从他们的栖身之处赶出来,收进你的领地吧,为你的角色的语言字斟句酌,准备好一套诡辩的辩证法吧——你的角色依然只有模仿的假热情,他们讲的只是模仿的戴面具的语言。

十一

　　希腊悲剧的衰亡与其他一切更古老的姊妹艺术种类不同,它是由于无法解决的冲突自杀而亡,因而是悲壮的,而其他各种艺术都是在耄耋之年安详平静地仙逝。如果说有了茁壮的后代,毫无痛苦地告别人生是符合幸福的自然状态的话,那么那些更古老的艺术的结局就向我们表明了这样一种幸福的自然状态:它们慢慢地消亡,在它们就要闭目的眼睛前已经站着比自己更秀美的子嗣,正急不可耐地勇气十足地昂起他的头。相反,希腊悲剧灭亡后则出现了一个到处都深深感觉到的巨大空白。如同拉伯里乌斯①时代希腊渔夫在一座孤岛上听见"伟大的潘②死了"的撕心裂肺的呼

---

① 拉伯里乌斯(前42—37),罗马皇帝(14—37),奥古斯都的继子。
② 潘,希腊神话中的森林之神和牧神。传说,在拉伯里乌斯统治时期,有一只渔船从伯罗奔尼撒驶向意大利途中突然听到空中传来喊声:"伟大的潘死了!"拉伯里乌斯向全民发布了这一消息。在近代文学作品中,这句话不仅象征伟大人物的逝世,还象征一个时代的结束。

号那样,现在整个希腊都响彻了一个悲痛的哀号之声:"悲剧死了!诗歌也跟它一起消亡了!滚开,你们这些发育不全、瘦骨伶仃的子孙!滚到地狱去!你们在那里还能饱餐一顿你们先辈大师的残羹剩饭!"

但是后来还是兴起了一种新的艺术,并且把悲剧尊为它的祖先和导师,此时我们惊恐地发现,它带有母亲的特征,然而却是她在长时间垂死挣扎时表现出来的那些特征。这场悲剧的垂死挣扎是**欧里庇得斯**进行的;那后起的艺术种类作为**希腊新喜剧**而闻名于世。悲剧以某种退化的形态活在这喜剧中,成为悲剧极其艰难而又惨烈的死亡的纪念碑。

这么一来,我们就可以理解新喜剧诗人何以对欧里庇得斯如此钟爱;斐勒蒙①的愿望也就不奇怪了,他说,要是他确信死者仍有理智,他愿立刻上吊,到阴间去拜访欧里庇得斯。如果我们要简明扼要地概括欧里庇得斯和米南德②、斐勒蒙的共同点,说明什么是后者眼中的典范,那么我们只需提出一点就够了:欧里庇得斯把**观众**带到了舞台上。谁认识到欧里庇得斯前的普罗米修斯悲剧家用什么材料塑造他们的主角,压根儿没有想过要把现实的忠实面具搬上舞台,他就会了解欧里庇得斯的与此全然不同的倾向。靠了他,常人走出观众席,登上了舞台,舞台这面镜子以往只表现伟

---

① 斐勒蒙(前363?—前263?),古希腊新喜剧作家。
② 米南德(前342—前291),古希腊新喜剧诗人,主要剧作有《公断》《割发》《恨世者》等。

大勇敢的性格,现在则连自然的败笔也是忠实地再现无遗。现在,古代艺术中的典型希腊人奥德修斯在新诗人的笔下降格为平庸的常人,从现在起,这类心肠好、头脑灵的家奴人物占据了戏剧舞台的中心。在阿里斯托芬的《蛙》一剧中,欧里庇得斯认为自己的功绩是,他用家庭常备药使悲剧艺术摆脱了华而不实的肥胖症,这首先可在他的悲剧主角身上感觉到。从本质说,观众在欧里庇得斯的舞台上看到和听到的是自己的化身,并为他能言善辩而满心欢喜。然而观众不仅仅停留在欢喜上,他们还向欧里庇得斯学习说话。欧里庇得斯在与埃斯库罗斯竞赛时曾自夸,说是他使民众学会运用巧妙的诡辩术内行地观察事物,与人磋商,得出结论。他通过公众语言的这种变革,才使新喜剧成为可能。因为从现在起,如何以及用什么警句格言才能使日常生活登上舞台,已经不是秘密了。欧里庇得斯寄托他的全部政治希望的平凡民众现在登台说话了,而在此以前,决定语言特征的,在悲剧中是半神,在喜剧中是酩酊大醉的萨提尔或半人。这样,阿里斯托芬笔下的欧里庇得斯自豪地强调指出,他如何描绘了每个人都能判断的普通的、众所周知的、日常的生活和行为。如果说现在全体民众都在推究哲理,无比精明聪慧地管理土地田产和进行诉讼,那么,这是他的功绩,是他向民众灌输智慧的结果。

现在,大众经过这样的调教和启蒙,可以向他们拿出新喜剧了,在某种程度上,欧里庇得斯是这新喜剧的合唱队教师,只是这一次观众合唱队不得不好好排练一番。一旦合唱队学会用欧里庇得斯的调子唱歌,新喜剧——类似棋赛的戏剧种类——就产生了,并且靠了机智和计谋不断取胜。不过,合唱队老师欧里庇得斯不断受到赞扬,倘若人们不知道悲剧诗人和悲剧一样都已死亡,他们就会自杀,以便向他学习更多的东西。然而,随着悲剧的死亡,希腊人已经放弃了他们永生不死的信念,不仅放弃了对理想过去的信念,也放弃了对理想未来的信念。著名的墓志铭①中那句"人到老年轻率又古怪"的话也适用于年迈的希腊化时代。只顾眼前、玩世不恭、漫不经心、喜怒无常是这个时代的最高神灵。第五等级即奴隶等级,现在至少在精神上要夺权了。如果现在还存在"希腊欢乐"的话,那也是奴隶的欢乐:他们无需承担重大责任,无需追求伟大事物,除了现在,他们不懂得尊重过去、尊重未来。正是"希腊欢乐"的这种表象使基督教的前四个世纪深沉而可怕的人物感到愤怒,在他们看来,遇到严肃可怖的事就怯懦地逃之夭夭,沉浸于舒适的享受而沾沾自喜,不仅是可悲的,而且是货真价实反基督的思想和态度。存在了几百年的古希腊观点坚韧不拔地保持了那种粉红色的欢快颜色,这要归功于他们的影响——好像从来不曾有过诞生了悲剧的第六个世纪及其神秘的宗教仪式、毕达哥拉斯②和赫拉克利特③似的,好像这个伟大时代的艺术作品不存在似的,然而我们根本不能这样解释这些艺术品,说如此老态龙钟

---

① 参见歌德《格言集》。
② 毕达哥拉斯(约前580—约前500),古希腊数学家、哲学家。
③ 赫拉克利特(约前540—约前480与前470之间),古希腊哲学家。

又奴性十足的生存乐趣和达观是其产生的土壤,它们各自显示,它们的生存基础是完全不同的另一种世界观。

我在前面说过,欧里庇得斯把观众搬上了舞台,从而让他真正有能力评判戏剧。这使人产生这样的印象,似乎欧里庇得斯以前的悲剧没有克服与观众不相适应的关系,人们甚至会赞扬欧里庇得斯在艺术作品和观众之间建立适当关系的激进倾向,并把他看作是超越索福克勒斯的一大进步。然而"观众"只是一个词而已,根本不具经久不变的价值。艺术家何需调节自己,去适应某种只靠数量取胜的力量呢?倘若艺术家按其才能和志向,感到胜过任何一个观众,那么他何需面对所有听命于他的观众的集合体时比之相对来说最有才能的单个观众感到更多的尊重呢?正是欧里庇得斯在漫长的一生中都是趾高气扬地对待他的观众,在这一点上其他希腊艺术家都望尘莫及。甚至当群众拜倒在他脚下时,他也是摆出一副高傲的样子,公开扇了他自己的倾向一记耳光,而他正是以标榜这个倾向征服观众的。倘若这位天才对观众这群恶魔哪怕只有一点点敬畏,那么他遭受了失败的打击后,早就在创作生涯的中期前就彻底垮台了。这样一来我们就发现,我们关于欧里庇得斯把观众搬上舞台是为了让观众真正具备判断能力的说法需要重新审视,我们对他的倾向就会获得更深的理解。相反,大家都知道,埃斯库罗斯和索福克勒斯生前死后是如何地深受人民的爱戴,因而针对欧里庇得斯的这些先辈,根本谈不上艺术作品与观众之间的不协调关系。那么,是什么东西促使这位才华横溢、创作欲望永不枯竭的艺术家离开沐浴在伟大诗人名声的阳光下,享受着民众宠爱这万里晴空的恩泽的道路的呢?是什么样的对观众的特殊关照反而使他背离了观众呢?他过度重视观众,怎么会转而藐视观众呢?

欧里庇得斯觉得作为诗人大概比群众高明,却不比他的两个观众更高明,这就是上述之谜的谜底。他把群众搬到舞台上,把那两个观众尊为惟一能评判他的全部艺术的法官和大师。遵照他们的教导和劝诫,他把迄今为止在观众席上作为看不见的合唱队对每一次节日演出所体验到的感觉、激情和经验移置到他的舞台主角的心灵里。当他为这些新角色寻找新的语言和新的音调时,他向他们的要求让步。当他再次受到观众法官的责备时,只有在他们的声音里,他才听到对他的创作的有效判决和增强胜利信念的鼓励。

这两个观众中的一个是欧里庇得斯自己,作为**思想家**而不是作为诗人的欧里庇得斯。我们可以说,像莱辛一样,他的异乎寻常的批判天才即使说不是产生,也是不断孕育了一种附带的艺术冲动。欧里庇得斯天赋甚高,批判思维极其清晰敏捷,他坐在剧场里观看他的先辈的杰作,竭力去重新认识它们,就像观看退色的油画时重新认出每一道运笔、每一条线条。这时他发现了熟悉埃斯库罗斯悲剧奥秘的人恐怕不会感到意外的东西:某种令人迷惑的明确性,同时又是深不可测的模糊性,可说是背景无穷无尽。即使最清楚确定的人物形象也拖着一条彗星尾巴,这条尾巴似乎意味着缥缈朦胧的东西。戏剧结构也是同样笼罩在朦胧暗淡的光线中，尤其是合唱队的意义。伦理问题的解决令他何等的疑窦丛生！神话的处理是多么成问题！幸运和不幸的分配是多么的不均匀！连早期悲剧的语言，也有许多东西令他不快，至少他觉得难以捉摸。尤其是他发现，剧中用了过多的华章丽辞表达简单的关系，把过多的热烈与排场给予质朴的性格。于是，他焦虑不安地思考着坐在剧场里，作为观众的他向自己承认，他不理解他的伟大先辈。在他看来，理解是一切享受和创作的真正根源，所以他不得不问，是不是还有别人和他想的一样，同样承认存在互相协调的东西。然而许多人，包括那几个最出色的人，对他都只报以疑惑的微笑，没有一个人能给他解答，为什么大师们面对他的疑虑和反对依然是正确的。他在痛苦万分的情况下发现了**另一个观众**，他不理解悲剧，因而也不给予重视。有他作为盟友，他摆脱了孤立状态，敢于向埃斯库罗斯和索福克勒斯的艺术作品发起激烈的斗争——不是用论战文章，而是作为诗人，用**他的**悲剧观点反对传统的悲剧观点。

十二

在说出另一个观众的名字以前,我们先花点时间,回顾一下前面谈到过的有关埃斯库罗斯悲剧本质中存在矛盾和不协调的印象。让我们想一想,我们自己面对这种悲剧的**合唱队**和**悲剧主角**时是何等诧异,我们无法将它们两者与我们的习惯、与传统看法协调起来。直到后来,我们重新发现那种双重性,它是希腊悲剧的起源和本质,是**阿波罗精神和狄俄尼索斯精神**这两种互相交织在一起的艺术冲动的表现。

剔除悲剧中原始的、万能的狄俄尼索斯因素,在非狄俄尼索斯艺术、习俗和世界观的基础上重新建立悲剧,这就是现在清清楚楚显现在我们眼前的欧里庇得斯的意向。

欧里庇得斯本人在晚年曾在一部神话剧里向他的同时代人特别提出了这种意向的价值和意义的问题。难道容许狄俄尼索斯因素存在吗?难道不该把它从希腊土地上铲除吗?诗人对我们说,要是做得到,当然该铲除;但是狄俄尼索斯神太强大了,诸如《酒神的伴侣》中的彭透斯①这样聪明至极的对手都出人意料地被他的魔力所迷,然后鬼迷心窍地陷入厄运。卡德摩斯和忒瑞西阿斯②这两位老人的论断似乎也是年迈诗人的论断:哪怕是最聪明的个人,他的思考也不能推翻那些古老的民间传说,不能推翻对狄俄尼索斯经久不衰的尊敬,所以,至少向这类神奇的力量表示外交式审慎的兴趣,倒不失为合宜的做法,即使这样,这位神灵仍有可能对这种毫无热情的参与感到不快,最终把外交家(比如这里所说的卡德摩斯)变成一条龙。跟我们说这番话的是这样一位诗人,他和狄俄尼索斯英勇对抗了一生,到头来却对对手倍加颂扬,以自杀结束自己的生涯,就像一个头昏目眩的人仅仅为了摆脱可怕的、无法忍受的眩晕,从高塔上跳下一样。这部悲剧是针对他的意向是否可行提出的抗议;啊,这意向已经付诸实施!奇迹发生了,当诗人要收回他的倾向时,他的倾向胜利了。狄俄尼索斯被赶下了舞台,而且是被借欧里庇得斯之口说话的魔力赶下台的。在某种意义上,欧里庇得斯也只是一具面具。借他之口说话的神不是狄俄尼索斯,不是阿波罗,而是完全新生的魔鬼,名叫**苏格拉底**。产生了新的对立——狄俄尼索斯精神和苏格拉底精神的对立,希腊悲剧艺术作品因这一对立

---

① 彭透斯是希腊神话中的忒拜王。他反对崇拜狄俄尼索斯,因而被参加酒神节游行的妇女撕碎致死。
② 卡德摩斯,降龙勇士,忒拜城的建立者;忒瑞西阿斯,忒拜先知。

而灭亡。不管欧里庇得斯怎样改悔,要以此安慰我们,他无法挽回败局了,雄伟壮丽的庙宇已经化为一片废墟。破坏者呼天号地也好,承认那是最美的庙宇也好,对我们又有何益?哪怕一切艺术时代的法官把欧里庇得斯变成一条龙,以示惩罚,这点可怜的补偿能使谁满意呢?

现在,我们来考察一下欧里庇得斯借以反对并战胜埃斯库罗斯悲剧的**苏格拉底**倾向。

我们现在要问,欧里庇得斯只以非狄俄尼索斯精神作为建立悲剧的基础这一意图如能得到最理想的贯彻,会得到什么结果呢?如果诞生戏剧的母腹不是音乐,不是狄俄尼索斯神秘朦胧之境,那么它还会有什么形式?只能是**戏剧化的史诗**罢了,在这阿波罗的艺术领域,**悲剧**效果自然无法达到。这里的问题不在于被描述的事件的内容。我甚至要断言,倘若戏剧如是发展,歌德在他所构想的《瑙西卡》①里也不可能把第五幕中牧歌式人物的自杀描写得那么悲怆动人。因为史诗的阿波罗力量如此强大,能凭借对表象及通过表象得到解脱所感到的快乐,使最可怖的事物在我们的眼前着魔变化。戏剧化史诗的诗人和史诗吟诵者一样,不能和他的形象完全融化为一体。他始终是个不动声色的、从远处观看**面前各种形象**的观者。这种戏剧化史诗的演员从根本上说依然是行吟诗

---

① 瑙西卡,希腊神话中费阿客亚王阿尔克诺俄斯的美丽女儿。《奥德赛》中,奥德修斯漂到斯刻里亚岛上时,按雅典娜所托之梦来海滨洗衣的瑙西卡给了他衣服,并引他入宫见父王。

人,他的一切表演都带有内在梦幻的色彩,因而他从来不是一个完全的演员。

如果问欧里庇得斯戏剧与阿波罗戏剧的这种理想关系如何,那么我们可以比之于较后期的行吟诗人和古代严肃的行吟诗人的关系。前者在柏拉图《伊安篇》里这样描述自己的性情:"我说到悲伤的事,就两眼泪汪汪;我说到恐怖可怕的事,就毛骨悚然心惊肉跳。"这里我们已经看不到一点对表象的史诗般的迷恋,看不到一点真正的演员所具有的不动声色的冷静,真正的演员在全神贯注于演剧时,完全成为表象和对表象的喜悦。欧里庇得斯是心惊肉跳、毛骨悚然的演员。他作为苏格拉底式思想家制订计划,作为热情奔放的演员执行计划。无论制订计划还是执行计划,他都不是纯粹的艺术家。所以欧里庇得斯的戏剧总是冷和热的混合体,既能让人冻得发僵,又能让人热得发烧。所以他不可能达到史诗的阿波罗效果,而另一方面又尽可能地摆脱了狄俄尼索斯因素。因此,为了使戏剧产生效果,他现在需要新的刺激手段,它们既不可能存在于阿波罗艺术冲动中,又不可能存在于狄俄尼索斯艺术冲动中。这些新的刺激手段是取代阿波罗直观的冷静悖理的**思想**和取代狄俄尼索斯狂喜的炽热的**情绪**,而且是极度真实地模仿的,绝非虚无缥缈的思想和情感。

我们已经看到,欧里庇得斯把戏剧只是建立在阿波罗基础上的努力根本没有成功,相反,他的非狄俄尼索斯倾向陷入了一种自然主义的、非艺术的迷途。这样,我们就可以考察**审美的苏**

格拉底主义的实质了。苏格拉底主义的最高原则可表述为"清晰明了为美",与苏格拉底另一名言"惟知者有德"相辅相成。欧里庇得斯以此准则衡量并校正戏剧的各种成分:语言,人物性格,戏剧结构,合唱音乐。与索福克勒斯比较时,欧里庇得斯身上经常被我们看作其创作缺点和退步的东西,大多是这个深入的批判过程和大胆地追求明白晓畅的产物。欧里庇得斯的**开场**可以用作说明这种理性主义方法的例证。违背我们的舞台技巧的莫过于欧里庇得斯戏剧中的"开场"了。他的戏开场时,总有一人登台,告诉观众他是谁,说明已经发生了什么事,剧情将如何发展,这在现代剧作家看来,是有意放弃悬念效果,是不可原谅的。大家都知道将要发生的一切,谁还愿意等着它们真的发生?因为这里连预言的梦和后来发生的事实之间令人兴奋的关系也根本不会出现。欧里庇得斯的想法则完全不同。在他看来,悲剧的效果从来不立足于情节的紧张、令人屏声息气的悬念,有了这种悬念,人们无法捉摸会发生什么事;相反,悲剧的效果有赖于既雄辩又抒情的宏大场景,在这些场景,主角的激情和雄辩有如汹涌的大河一泻千里。一切都为了激起激情,而不是为了制造情节;凡不能激起激情的东西,都应予以摒弃。而妨碍观众入迷地欣赏这类场面的最大障碍是观众少了一个环节,即他对引起剧情的前因缺乏完全的了解。只要观众不得不花费脑筋,琢磨某个角色代表什么意义,志趣、意向的某种冲突因何产生,那么他就不可能全神贯注于主角的痛苦和行为,就不可能身临其境地与角色同苦共忧。埃斯库罗斯和索福克勒斯的悲剧运用了极巧妙的艺术手段,在头几场戏里就把理解全剧**所需的**所有线索差不多不经意地交到观众手里。这是大家风范,他们安排必要的形式时能藏而不露,仿佛水到渠成一般自然。不过,欧里庇得斯却自认为他发现了,观众在看头几场戏时焦躁不安,苦苦探求戏剧情节以前发生的事,这样,对他来说,诗的美和说明性文字的激情就白白丢掉了。因此,他在说明性文字前又安排了开场,而且让一个大家可以信赖的人承担这项任务:通常是一位神灵出场,由他向观众担保悲剧的情节发展,从而消除人们对神话的真实性所抱的种种怀疑,如同笛卡尔①只能诉诸神的诚实无欺才能证明经验世界的真实性一样。为了让观众确信他的主角未来的命运,欧里庇得斯在戏剧的结尾需要再次借助神祇的诚信,这就是所谓收场②的功能! 在史诗的预告(开场)与前瞻(收场)之间是真正的"戏剧",是戏剧与抒情的现在。

因此,欧里庇得斯作为诗人首先是反映他自己的自觉认识,正是这一点使他在希腊艺术史上占有重要的地位。谈到他的批判性创作活动,他必定常有这样的感觉:他该赋予阿那克萨戈拉③著作的开头几句话以新的生命;用到戏剧上,这几句话就是:"宇宙之

---

① 笛卡尔(1596—1650),法国哲学家、物理学家、数学家、生理学家。
② 收场(deux ex machina),戏剧结束时说明主角今后命运的文字。
③ 阿那克萨戈拉(约前500—前428),古希腊哲学家,原子唯物论的思想先驱。他提出"种子说"和"奴斯说"。在希腊文中,"奴斯"本义为心灵,转义为理性。

初,万物混沌,理性出现,始创秩序。"如果说,阿那克萨戈拉提出"奴斯说",在哲学家中的地位犹如来到一群醉汉中的第一位清醒者,那么欧里庇得斯可能会觉得他与其他悲剧诗人的关系可与之类比。只要宇宙惟一的支配者和管理者"奴斯"被排除在艺术创作之外,那么世界万物仍将混沌一片。欧里庇得斯必定如此判断,他必定以第一个"清醒者"自居,批评那些"醉醺醺"的诗人。索福克勒斯针对埃斯库罗斯说的话"他做得对,尽管是无意的",肯定不是欧里庇得斯理解的意思。欧里庇得斯顶多只会这么说,**因为埃斯库罗斯不是自觉地做事,所以就做错了**。连圣人柏拉图谈到这位诗人的创作才能时——这不是有意识的判断——也是多半带着讽刺的意味,并把他与预言者和释梦者的才能相提并论,仿佛诗人不昏厥,不丧失理智,就没有创作能力似的。像柏拉图曾经做过的那样,欧里庇得斯也要让世界见识一下"非理性"诗人的对立面。我已经说过,他的审美原则"自觉意识者为美"和苏格拉底的"自觉意识者为善"是相辅相成的。据此,我们可以把欧里庇得斯看作美学上的苏格拉底主义的诗人。苏格拉底是不理解旧悲剧,因而不看重旧悲剧的**第二个观众**。有他做盟友,欧里庇得斯就敢于做新的艺术创作的英雄。如果说旧悲剧毁于这种新的艺术之手,那么美学上的苏格拉底主义是杀人的原则;这场斗争是针对旧艺术中的狄俄尼索斯精神的,就这一点而言,我们发现苏格拉底是狄俄尼索斯的敌人,是新的俄耳浦斯,他起来反对狄俄尼索斯,尽管他被雅典法庭的酒神侍女们撕得粉碎,终究迫使这位无比强大的神祇逃跑,就像他以前被厄多涅斯王吕枯耳戈斯①驱逐,到大海深处藏身逃命,即藏身于一种逐步席卷世界的秘密崇拜的神秘洪流中。

---

① 吕枯耳戈斯,特剌刻的厄多涅斯王,狄俄尼索斯的敌人。传说他把狄俄尼索斯及其伴友逐出本国,为此受到宙斯的惩罚。

十三

苏格拉底与欧里庇得斯关系密切,志趣相投,这一点没有逃脱同时代人的眼睛。这种敏锐感觉的最有力例证是在雅典流行的传说,说欧里庇得斯作诗时苏格拉底常常给予帮助。每当要列举当代蛊惑人心的教唆犯时,"古老的太平盛世"的拥护者们总是一口气说出他们两个人的名字,说古老的马拉松般的强壮矫健越来越成为某种可怕的教化的牺牲品,越来越心力交瘁,这要归咎于他们的影响。阿里斯托芬喜剧就是操着这种调子谈论他们两人的,既带着愤怒,又透出蔑视,这让后来人感到害怕,他们虽然愿意摒弃欧里庇得斯,但当他们看到苏格拉底在阿里斯托芬剧里被写成是头号**诡辩家**,是一切诡辩行为的镜子和缩影时,简直惊诧不止。这时惟一能给他们安慰的,就是把阿里斯托芬本人指责为诗坛上招摇撞骗的阿尔西比阿德斯[①]。我在这里

---

① 阿尔西比阿德斯(约前450—前404),雅典将军、政治家,苏格拉底的学生。以政治主张反复无常闻名于世。阿里斯托芬曾在剧中对他表示赞赏。

无意为阿里斯托芬的深刻直觉辩护,反驳这类攻击,我要继续按照古人的感受,证明苏格拉底和欧里庇得斯两人的密切关系,特别要提醒读者注意的是,苏格拉底作为悲剧艺术的反对者是不看悲剧的,只有上演欧里庇得斯的新戏,他才去剧场。但是说明他们两人息息相关的最著名的例子是,得尔菲神谕把他们两人的名字并列在一起,称苏格拉底是最智慧的人,同时裁决,把智慧竞赛的亚军授予欧里庇得斯。

索福克勒斯名列第三。他在埃斯库罗斯面前可以自夸,他做了正确的事,而且是由于他**知道**何为正确。显然,正是明了**知识**为何物,使他们三人成为他们时代的三个"智者"。

当苏格拉底发现自己是惟一承认**一无所知**的人时,说了一番最尖锐不过的言论,表达了对知识和洞察事理的新的闻所未闻的高度尊重。他走遍雅典与人辩论,拜访大政治家、大演说家、大诗人和大艺术家,每到一处都发现人们自认为有知识。他惊奇地发现,所有这些名人对他们的职业都缺乏正确而稳妥的了解,而只凭本能从事他们的工作。"只凭本能",这个说法触及了苏格拉底倾向的内核和中心。苏格拉底主义用这句话谴责当时的艺术和伦理道德。他审视的目光所到之处,无不看到缺乏真知灼见,充塞幻想之力,并且从缺乏知识得出结论,认为一切现存的东西在内里都是颠倒乖谬、荒唐卑下的。据此,苏格拉底认为必须匡正人生:他孤身一人,作为一种完全不同的文化、艺术和道德的先驱,脸上露出不屑一顾、高人一等的表情,进入一个我们摸到它的一点边就会感到莫大幸运崇敬之情油然而生的世界。

这就是我们每次面对苏格拉底时产生的巨大疑问,它一再地激励我们去认清古代这一最令人疑惑的现象的意义和目的。希腊精神体现为荷马、品达罗斯和埃斯库罗斯,体现为斐狄亚斯①、伯里克利②、皮提亚③和狄俄尼索斯,是值得我们肃然起敬的耸入云端的高山、深不可测的深渊。是谁敢于独树一帜,否定这种精神?是什么魔力敢于诋毁这奇妙的神酒?是哪个半神使得人类最高贵者组成的精灵合唱队不得不向他高呼:

"哀哉!哀哉!

你用铁拳巨掌,

彻底毁坏了

这美丽的世界,

它倒塌了,粉碎了!"④

---

① 斐狄亚斯(约前500—约前438),古希腊雕刻家,主要作品为雅典卫城的帕特农神庙的雕像、奥林匹斯的宙斯像。
② 伯里克利(约前500—前429),古希腊政治家。在他治下(前461—前431),雅典达到全盛,成为当时希腊民主制的中心。
③ 皮提亚,得尔菲神托所能预言的女祭司。
④ 这是歌德《浮士德》第一部"书斋"一节中精灵们的一段合唱(1607—1611行)。郭沫若译为:
   伤哉!伤哉!
   这美丽的世界,
   被你以大力的拳头把它打坏,
   倾倒了,粉碎了!
人民文学出版社,1959年版,第77页。

可称为"苏格拉底魔力"①的奇特现象为我们理解苏格拉底的本质提供了一把钥匙。在他巨大的理智摇摆不定的特殊场合,他会听到一个神秘的声音向他说话,使他获得一个坚固的支撑物。这个声音总是**告诫性**的。这直觉的智慧总是在出现反常的情况时出现,**阻碍**他有意识地去探索知识。在所有从事创造性活动的人身上,直觉是创造性的、肯定的力量,知觉则是批判性的、告诫性的,而在苏格拉底身上,直觉成了批评者,知觉成了创造者——真是咄咄怪事!虽然我们在这里看到了每种神秘素质的巨大缺陷,以致可以把苏格拉底称为特殊的**非神秘主义者**,在这种特殊的非神秘主义者身上,逻辑天性由于异期复孕而过度发达,恰如直觉智慧在神秘主义者身上异常发达一样。另一方面,在苏格拉底身上出现的逻辑本能却完全不能运用于自身,这种逻辑本能奔腾直泻,显示出一股强大的,只有在最强大的本能力量中我们才万分惊恐而诧异地发现的自然力。谁在柏拉图著作中感受到一点点苏格拉底生活态度的圣洁的单纯和坚定的自信,他就会感到,苏格拉底的巨大的逻辑之轮好像在苏格拉底背后运转,我们不得不像透过影子那样透过苏格拉底之身观察轮子及其运动。他本人对这种关系有所预感,这表现在他每时每地,甚至在他的审判官面前②,都以

---

① 指苏格拉底的具有精灵性质的"内心警告之声",他深信他的一生为它所护持和支配。
② 雅典恢复奴隶主民主制后,苏格拉底被控,以藐视宗教、传播异说、败坏青年和反对民主等罪名被判死刑。苏格拉底拒绝朋友和学生要他乞求赦免和外出逃亡的建议,饮鸩而死。

严肃庄重的态度宣传贯彻他的神圣使命。从根本上说,要驳斥他这一点是不可能的,正如不可能对他取消本能的影响表示赞同一样。在这场不可解决的冲突中,当他被传到雅典城邦的法庭前时,只能有一种判决形式,即放逐。人们可以把他当作不可捉摸的、莫名其妙的、不可解释的东西驱逐出境,后人不会有正当的理由指责雅典人做了一件可耻的事。然而对他的判决是死刑,而不只是放逐,而且仿佛是他自己要这样的判决,他的心境完全平静清醒,毫无对死亡的本能恐惧。他带着柏拉图描写过的平静心境从容赴死,按柏拉图的描写,他以往总是黎明来临之时,作为最后一名豪饮者,带着这种平静的心境离开宴席①,开始新的一天。而那些昏昏欲睡的酒友在他走后,东倒西歪地留在板凳和地板上,做着苏格拉底真正的好色之徒的梦。**赴死的苏格拉底**成了希腊贵族青年除他而外从未见过的偶像,尤其是典型的希腊青年柏拉图,对他崇拜得五体投地,狂热地拜倒在这个偶像前。

---

① 古希腊常举行这类进行学术性谈话的酒会。

十四

让我们现在设想一下,苏格拉底从未燃烧过艺术之火的巨人眼睛转向悲剧会怎样。我们可以设想,这双眼睛不可能满心欢喜地观看狄俄尼索斯深渊。那么,它会在柏拉图所说的"崇高而备受称颂"①的悲剧艺术中看到什么呢?他会看到某种似乎有因无果、有果无因的非理性东西,而且一切都是如此光怪陆离、五光十色,与审慎镇静的气质必定格格不入,而对那些生性敏感、容易动火的人则是危险的火种。我们知道,他惟一理解的诗歌品种是**伊索寓言**,而且肯定报之一笑,采取随和将就态度,诚实善良的盖勒特②在《蜜蜂和母鸡》这则寓言中,也是以这种态度唱起一首诗歌颂的:

---

① 柏拉图《高尔吉亚篇》。
② 盖勒特(1715—1769),德国作家,德国寓言的奠基人。

> "你在我身上看到诗的用处,
> 向那智力低下的人,
> 用形象说明真理。"①

但是,在苏格拉底看来,悲剧艺术除了面向"智力低下的人"以外,并不"说明真理",因此也不面向哲学家,所以我们有双倍的理由远离悲剧艺术。和柏拉图一样,他把悲剧视为取悦于人的艺术,这类艺术只表现舒适惬意之事,而不表现有用之事。因此,他要求他的学生放弃和拒绝这类非哲学的刺激,而且取得了极大的成效,青年悲剧诗人柏拉图为了能成为苏格拉底的学生,首先焚毁了自己的诗作。然而,不可遏制的天赋起来反抗苏格拉底的训谕时,其力量连同非凡性格的冲击依然十分强大,足以把诗歌本身提高到从未有过的新的高度。

刚才提到的柏拉图就是这方面的例子。在责难悲剧和艺术方面,他肯定不逊于他冷嘲热讽的老师,然而出于艺术需要,他却创造了一种恰恰和他拒绝的现存的艺术形式有内在亲缘关系的艺术形式。柏拉图对旧艺术的主要指责——说它模仿表象,因而属于比经验世界还更低级的领域——尤其不能针对新的艺术作品。我们看到,柏拉图力求超越现实,表现作为伪现实之基础的理念。这么一来,思想家柏拉图走了一段弯路,又回到了他作为诗人始终视为家园的地方,回到了索福克勒斯和整个旧艺术庄严地抗议他的

---

① 《盖勒特选集》第 1 卷第 93 页(Behrend 版)。

责难的地方。如果说悲剧融汇了一切以往的艺术种类,那么在某种怪异的意义上,这也适用于柏拉图对话录。他的对话通过一切现存的风格和形式的混合而产生,漂游在叙事、抒情和戏剧之间,漂游在散文和诗歌之间,从而打破了统一的语言形式这一严格的古老法则。**犬儒学派**①作家在这条路上走得更远,他们的风格斑驳繁杂,在散文和韵文两种形式之间来回摇摆,创造了"疯狂的苏格拉底"这一他们常常在生活中扮演的文学形象。柏拉图对话仿佛像一条小船,遭遇海难的古老诗歌及其所有孩子靠了它才得以生还,他们挤在狭小的船舱里,怯生生地服从舵手苏格拉底的指挥,驶向一个新世界,面对这一幕奇妙的景象,这新世界真是百看不厌。柏拉图确实给后世留下了一种新的艺术形式的样本,即**小说**的样本,我们可将它称为无限扩展了的伊索寓言。在这种艺术形式中,诗歌与辩证哲学相比处于从属地位,是所谓婢女,如同后来许多世纪里哲学与神学相比处于从属地位一样。这就是诗歌的新的地位,是柏拉图在恶魔般的苏格拉底的压力下迫其就范的。

这里,**哲学思想**盖过了艺术,迫使艺术紧紧依附于辩证法的主干。**阿波罗**倾向伪装为逻辑公式,我们在欧里庇得斯戏剧中看到过类似的现象,还看到了**狄俄尼索斯精神**转化为自然主义的感情。柏拉图戏剧中的辩证主角苏格拉底让我们想起欧里庇得斯主角的类似特性,他不得不通过论证和反证为自己的行为辩护,常常因此

---

① 公元前3世纪希腊的一个崇尚自然、主张自然主义的哲学流派。

而陷入失去我们的悲剧同情的危险。因为谁会看不到辩证法本质中的**乐观主义**因素呢？这种因素在每次推论中都欢呼自己的胜利，并且只有在冷静清醒的状态中才能自由呼吸。这种乐观主义因素一旦进入悲剧，就逐渐侵占了狄俄尼索斯领域，决定迫使它自我毁灭，果然，它后来纵身跳进市民戏剧而灭亡。请读者想想苏格拉底格言的结论："美德即知识；罪恶源于无知；有德者为有福人。"在这乐观主义的三种基本形态中已经蕴含着悲剧的死亡之因。因为现在有德行的主角必定是辩证法家，德行与知识、信仰与道德之间必定有必然的明显的联系，现在埃斯库罗斯的超验的公正解决论降格为平庸而狂妄的"诗的公正"的原则，包括通常的"收场"。

在这新的苏格拉底主义的舞台世界中，合唱队以及悲剧的整个音乐和狄俄尼索斯深层基础的情形怎样呢？它们像是些偶然的东西，是让人想起悲剧起源的（即使可以略而不计的）东西。然而，我们已经看到，合唱队只能理解为悲剧以及一般悲剧音素的**起因**，早在索福克勒斯悲剧，涉及合唱队的窘境已露端倪，这是个重要迹象，表明在他的剧里悲剧的狄俄尼索斯地基已经开始破裂。他已经不敢把获致悲剧效果的主要担子交给合唱队，反而限制它的范围，让它几乎和演员处于同等的地位，仿佛它从乐池提升到了舞台上。这样一来，合唱队的特性自然破坏殆尽，关于合唱队的这种观点，连亚里士多德也是会赞同的。索福克勒斯通过他的实践，按照传说甚至通过文章提倡的合唱队位置的变化是合唱队**衰亡**的第一步,经过欧里庇得斯、阿伽同①和新喜剧,合唱队衰亡的几个阶段以惊人的速度接踵而来。乐观主义的辩证法挥舞它的三段论鞭子,把**音乐**赶出了悲剧,也就是说,它破坏了悲剧的本质。悲剧的本质只能解释为狄俄尼索斯状态的形象化显示,是音乐的可视象征,是狄俄尼索斯陶醉的梦幻世界。

既然我们发现在苏格拉底以前就存在反狄俄尼索斯倾向,只是这种倾向在他身上表现得特别明显,那么,我们就无须害怕提出这样一个问题:苏格拉底这样一种现象究竟意味着什么?然而,面对柏拉图的对话录,我们不能把这一现象理解为只起解体作用的消极力量。苏格拉底欲念的直接效果肯定在于瓦解狄俄尼索斯悲剧,但苏格拉底本人深刻的生活经历迫使我们提出这样的问题:苏格拉底主义和艺术之间是否**必然**只有对立关系,一位"艺术家苏格拉底"的诞生本身是否就包含矛盾?

因为面对艺术,这位专制的逻辑学家有时有过欠缺,空白,该受些许指责,也许未尽到责任的感觉。他在狱中曾对他的朋友说,他常常感觉到好像做了同样的一个梦,向他说了同样的话:"苏格拉底,搞音乐吧!"②一直到他生命的最后几天,他都拿这样的看法安慰自己:他的哲学思辨是最高级的艺术,他不相信神祇会要他去搞那种"粗俗的大众音乐"。在监狱里,为了完全无愧于他的良

---

① 阿伽同,古希腊悲剧家。
② 柏拉图《斐多篇》。

心，他终于勉强决定从事被他看轻的音乐。出于这个想法，他写了一首阿波罗颂歌，把几篇伊索寓言改写成诗体。催促他从事这种练习的，是类似魔鬼的警告之声的东西。他像蛮人国王那样不理解高贵的神祇形象，由于不理解而有触犯神祇的危险。苏格拉底梦境中的那句话是他怀疑逻辑本性的界限的惟一迹象。也许——他肯定这么自问——我不理解的东西未必就是缺乏理性的东西？也许存在逻辑学家被驱逐出境的智慧王国？也许艺术是知识的必要的相关物和补充？

十五

针对最后这几个充满预感的问题，我们必须说明，直到今天乃至未来，苏格拉底的影响如何像夕阳西下时越来越大的阴影，遮盖了整个后世，它如何一再地迫使**艺术**，而且是形而上学的极深刻极广泛的意义上的艺术进行创新，因为这影响是绵延不绝的，所以它保证这艺术创新也是绵延不绝的。

在认识到这一点以前，在令人信服地阐明任何艺术离不开希腊人，离不开从荷马到苏格拉底的希腊人以前，我们对希腊人的感受必定和希腊人对苏格拉底的感受一样。几乎每一个时代，每一个文化时期，都曾经带着深深的不快试图摆脱希腊人，因为与希腊人相比，一切他们自己的创造、看起来完全是独创的东西、令人真诚钦佩的成就，好像一下子变得暗淡无光、毫无生气，成了蹩脚的复制品，甚至蜕变为一幅漫画。于是，人们一再地向那自负的，竟敢把一切非本土的东西永远称为"野蛮"的小小民族抛去一腔怨恨。他们问道,那些虽然只有过短暂的历史光辉,只拥有少得可怜的机构,其超凡的道德习俗令人怀疑,甚至背负种种丑行恶习,却要在世界民族之林中占有本应属于万民之中的天才的尊严和特殊地位的人到底是何许人?可惜人们没有找到能将此种生灵根除的毒酒,因为嫉妒、诽谤和怨恨所酿造的全部毒汁都不足以毁灭他们的自荣自贵。因此,人们在希腊人面前总是又愧又惧;除非有人把真理看得高于一切,并有勇气承认这个真理:希腊人是御者,驾驭着我们的文化,驾驭着每一种文化,然而车辆与马匹几乎总是材差质次,配不上御者的荣耀,他们就开起玩笑,驾着车驶向深渊,自己却像阿喀琉斯那样,纵身一跳越过深渊。

为了证明苏格拉底也具有这种御者的尊荣,只要认清他是一种在他以前未曾有过的生存方式的典型即**理论家典型**就够了。我们下一步的任务就是搞清楚这种典型的意义和目的。这种理论家和艺术家一样,对一切现存的事物感到无限的乐趣,并且由于这种乐趣而不受悲观主义的实用伦理和只有在黑暗中才闪闪有神的悲观主义目光的侵害。在每次揭开真理时,艺术家喜悦的目光总是停留在现在还被隐蔽的东西上,理论家则欣赏和满足于揭下来的外罩,他的最大乐趣在于总是顺利地、靠了自己的力量而成功地揭示真理的过程。如果科学仅仅涉及**一个**赤裸裸的女神而别无其他,那么就无科学可言。因为倘若果真如此,它的弟子们的感受必定和那些要挖穿地球的人无异:每个人都看到,他穷毕生之力,也只能挖出这无限深厚的地球的小小一洞,第二个人会当着他的面又填上这个小洞,致使第三个人觉得不如自己重新选择一个挖掘点更好。倘若有人令人信服地证明,经由这条直接途径无法达到对跖点,有谁还愿意在旧洞里继续工作呢?除非他现在不满足于找到宝石或发现自然规律。所以最诚实的理论家莱辛敢于公开声明,他看重的不是真理本身,而是探索真理①,这就揭示了科学的根本奥秘,使科学家感到惊异或恼火。这种个别人的认识如果不是过于自负,也是过于诚实;当然,与之并存的还有首先在苏格拉底身上体现出来的深刻的**妄想**,即那种不可动摇的信念,认为思想依靠因果律的引导,可以深入到存在的至深底蕴,思想不仅能认识存在,甚至能**修正**存在。这种崇高的形而上妄想作为直觉本能,是和科学与生俱来的,它一再地引导科学走向自己的极限,到达这个极限,科学必定转变为**艺术——这一过程原本要达到的目的就是艺术**。

让我们现在高举这个思想火炬看看苏格拉底。我们发现,他是第一个不仅借助科学本能生活,而且更是借助科学本能就死的人。因此,**赴死的苏格拉底**的形象——他借助知识和论证不知死亡之恐怖为何物——就成了科学大门上的徽记,提醒每个人,科学的使命在于,使生存显得可以理解,因而是合理的。当然,倘若各种理由不足以做到这一点,最终就不得不求助于**神话**。我曾经称神话为科学的必然结果,甚至是科学的意图。

---

① 《莱辛全集》第13卷第24页。

谁一旦看清楚,在科学奥秘的启蒙者苏格拉底之后,各种哲学流派如何像后浪推前浪那样不断兴起,一种闻所未闻的包罗万象的求知欲如何波及知识界的广泛领域,作为每个才智杰出的人的真正任务,把科学推向大洋大海,使它得以汹涌澎湃地发展,从此就再也无法把它拖回小河小溪,由于这包罗万象的求知欲,一张共同的思想之网如何覆盖了整个地球,并且窥探整个太阳系的规律,谁一旦了解了这一切,并且看到了现代高得惊人的知识金字塔,他就不能不把苏格拉底看作所谓世界历史的转折点和旋涡中心。我们不妨这样设想,如果全部为这个世界倾向耗去的无法计量的力量**不是**服务于知识,而是用来为个人或民族的实际目的即利己目的服务,那么,在普遍的毁灭性战争和持续的民族大迁徙中,生活的本质乐趣也许会大大削弱,致使个人在自杀之习流行的情况下,多半会生发出最后一点责任感,就像斐济岛上的居民,把子杀父母、友杀朋友视为责任。这是一种实践的悲观主义,是一种出于同情而会制造民族大屠杀的残酷伦理——实际上,无论过去现在,凡是艺术未以某种形式,特别是作为宗教和科学出现,用以疗治和预防瘟疫的地方,就存在这种大屠杀。

面对这种实践的悲观主义,苏格拉底是理论乐观主义的原型。如前所述,他相信事物本质皆可探究认识,从而赋予知识和认识以疗治百病的力量,把错误理解为恶自身。在苏格拉底式的人看来,深入事物的本质,区别真正的认识和表象错误,是最崇高的,乃至惟一的人生职业,如同概念、判断和推理的整套机制,从苏格拉底起,被视为高于所有其他能力的最高级的活动和值得钦佩的天赋。苏格拉底和他的一直到现代的志同道合的后继者认为,连最崇高的道德行为,即同情、牺牲、英雄主义等等感情,以及阿波罗希腊人称之为"审慎的德行"的难能可贵的心灵的宁静,由知识的辩证法推导产生,因此是可以传授的。谁曾亲身体验过苏格拉底认识的乐趣,感受到这种乐趣如何一圈一圈地向四周扩散,试图把整个现象世界囊括殆尽,那么从此刻起,除了完全征服和编织无法穿透的知识之网这一欲望,他就不会对其他迫使他生存的刺激有更强烈的感受了,对于具有这种思想的人,柏拉图的苏格拉底是一种全新的"希腊达观"和生存乐趣的导师,这达观和乐趣体现在行动中,教育和陶冶贵族青年,达到最终产生天才的目的。

但是,科学受它强烈的妄想的激励,现在不可阻挡地急速奔向它的极限,它的隐藏在逻辑本质中的乐观主义由于这种种限制而崩溃。因为科学之圆的周边有无数的点,我们看不到哪一天能把这个圆彻里彻外测量一遍,所以高尚而聪慧之士未到人生中途,就必然来到这些圆周的界点,只能茫然地凝视那无法看清的领域。当他惊惧地看到,在这些边缘地带,逻辑如何围绕自己绕圈子,最后咬到了自己的尾巴,一种新的认识形式就破土而出,这就是**悲剧认识**,此种认识仅仅为了能让人忍受,需要艺术的保护和治疗。

如果我们用观看希腊人而得到恢复的、更加坚定有力的眼睛观察围绕我们的这个世界的最高领域,我们就发现,苏格拉底身上体现的、可为人楷模的永不满足的乐观主义求知欲转变成了悲观的绝望和艺术的需求。不过,在其低级阶段,这种求知欲敌视艺术,在内心尤其厌恶狄俄尼索斯的悲剧艺术,苏格拉底主义反对埃斯库罗斯悲剧的例子就反映了这一点。

现在,我们怀着激动的心情叩击现代和未来的大门。这种"转变"是否会导致天才、恰恰是**从事音乐的苏格拉底**的不断新生呢?这张覆盖生存的艺术之网,即使冠以宗教或科学之名,是否会越织越牢、越织越细?或者它注定要在现在自称为"现代"的那个野蛮的旋涡里撕成碎片?——我们忐忑不安,然而不无慰藉地旁观片刻,做一个可以充任这场雄伟斗争和转折的见证人的沉思者。啊!连旁观者也不能不投身其中,这正是这类斗争的魅力所在!

十六

通过上述历史事例,我们力图清楚地说明,悲剧如何因音乐精神的衰亡而灭亡,正如它只能从音乐精神中诞生一样。为了减弱这个论断中非同寻常的因素,揭示我们这一认识的源头,我们现在必须坦诚地面对现代的类似问题,我们必须深入刚才提到的、在当代世界最高领域、在永不满足的、乐观主义认识和悲观的艺术需要之间进行的斗争之中。我在这里要撇开其他一切敌对本能,它们在任何时代都反对艺术,尤其反对悲剧,在现代也非常自信地向四周扩张,以致戏剧中只有闹剧和芭蕾还能稍稍支撑门面,开放出也许不是每个人都欣赏的鲜花。我只想谈悲剧世界观的**最显赫的敌人**,我指的是以鼻祖苏格拉底为首的、本质上乐观主义的科学。同时,我将直截了当地指出那些在我看来似乎能保证**悲剧再生**的力量,它们是德国精神的美好希望。

在我们投身战斗以前,让我们先穿上我们迄今为止获得的认识的盔甲。我与那些竭力从一个惟一的原则、从每件艺术作品的必要的生命源泉探究艺术渊源的人不同,我把目光投射到阿波罗和狄俄尼索斯这两个希腊人的艺术神祇身上,把他们看作**两个**至深本质和最高目的互不相同的艺术世界的生动而形象的代表。阿波罗是体现个体化原理的神采奕奕的天才,只有通过他才能真正在表象中获得解脱;而狄俄尼索斯的神秘的欢呼声则打破了个体化的魔力,使通向存在之母、万物核心的道路畅通无阻。作为阿波罗艺术的造型艺术和作为狄俄尼索斯艺术的音乐二者的巨大的对立,伟大思想家中只有一个人看得如此清楚,以致他无须希腊神祇象征的指引,就赋予音乐与其他一切艺术完全不同的性质和起源,因为音乐不像其他艺术那样是现象的映象,而是意志本身的直接映象,所以它表现的是针对**世界的一切物理性质的形而上性质,**针对一切现象的物自身。(叔本华:《作为意志和表象的世界》第一部)从更严格的意义上说,有了这个全部美学中的最重要的见解,美学才开始。理查德·瓦格纳在《贝多芬》一书中指出,音乐根本不能按照美的范畴,而需要用不同于其他一切造型艺术的审美原则加以衡量,虽然存在一种错误的美学,它根据误入迷途、退化变质的艺术,从在造型艺术世界适用的美的概念出发,习惯于要求音乐产生与造型艺术作品类似的效果,即激发人们**对美的形式的快感。**我看清那个巨大的对立后,就强烈地感到,我必须去探索希腊悲剧的本质,深刻地展示希腊天才。因为只有现在,我才相信我掌握了符咒,可以超脱流行美学的通用词汇,去真真切切地领悟悲剧的根本问题。这样,我就以一种特殊的目光考察希腊精神,我不禁感到,迄今为止,我们的自命不凡的古典希腊学基本上只知道欣赏皮影戏和外景罢了。

我们从下列问题开始探讨这个根本问题:阿波罗和狄俄尼索斯这两种原本分开的艺术力量如果一起发生作用,会产生什么审美效果呢?更简单地说,音乐与图像及概念的关系如何?理查德·瓦格纳称赞叔本华对这一点的阐述最清晰、最透彻,没有人能望其项背。叔本华在《作为意志和表象的世界》里对这个问题极详尽地谈了他的看法,我在这里全文引述如下:

> 根据这一切,我们可以把显现的世界或自然界和音乐看作同一事物的两种不同的表现。所以这同一事物本身是两者得以类比的惟一中介,为了了解这种类似性,就必须认识这个中介。因此,如果把音乐看作世界的表现,它就是程度最高的普遍语言,而且可视它与概念的普遍性的关系大致等于概念与事物的关系。然而,它的普遍性绝不是那种抽象概念的空洞的普遍性,而完全是另一种普遍性,带有一种透彻而明晰的确定性。在这一点上,音乐和几何图形及数字相类似,几何图形和数字作为一切可能的经验客体的普遍形式运用于一切客体,然而,它们不是抽象的,而是直观的,彻底地确定的。意志的一切可能的追求、激动和外化,人的内心的所有历程,统统被理性置于"感情"这个宽泛而消极的概念之下,所有这一切需要用无数各种各样可能的旋律加以表

现,然而总是用普遍的没有物质的纯形式,总是只按照自在之物,而不是按照现象,仿佛是现象的没有肉体的内在灵魂。我们还可以用音乐与一切事物的真正本质的关系说明下述概念:当出现某个情景、情节、事件和环境,响起适当的音乐时,这音乐就仿佛向我们揭开所有这些情景、情节、事件和环境的最奥秘的意义,向我们作出最正确最清晰的评述,谁要是沉醉于交响乐的印象上,他仿佛就看到人生和世界的一切可能的过程在他面前一幕幕经过,然而他仔细一看,却又说不出这乐曲与在他面前浮现的事物之间有何相似之处。因为正如前面所说,音乐在这一点上不同于任何其他艺术,它不是现象的映象,或者更确切地说,不是意志的相应的客观化,而是意志本身的直接写照,所以它表现的是与世界的一切物理性质相对的形而上性质,与一切现象相对的物自身。据此,可以把世界称为形体化的音乐,形体化的意志。正因如此,音乐何以能让真实生活和世界的每一幅画面,甚至每一个场景显得更高更有意义,也就得到了说明。当然,它的旋律与某一现象的内在精神越相似,就愈益如此。我们给诗配上音乐,使之成为歌,给直观的表演配上音乐,使之成为哑剧,或给二者配上音乐,使之成为音乐的歌剧,都是基于此。人生的这些个别场景虽被配上了音乐的普遍语言,却从来不是必定与这种音乐相联系或相符合的。两者的关系就如同信手拈来的例子与普遍概念的关系。它们在现实的确定性中所表现的无异于音乐在纯形式的普遍性中所表现的东西。因为在一定程度上,旋律和普遍概念一样,是现实的抽象。现实,即个别事物的世界,即为概念的普遍性,也为旋律的普遍性,提供直观的、特殊的、个别的东西,提供个别的情况。而这两种普遍性在某些方面是互相对立的:概念只包含首先从直观中抽象出来的形式,仿佛是从事物中剥下来的外壳,因而完全是真正的抽象;音乐则相反,它给我们提供的是先于一切形态的内核或物之心。这种关系借用经院哲学家的语言表达甚为合适:概念是后于事物的普遍性(universalia post rem),音乐是先于事物的普遍性(universalia ante rem),现实是事物中的普遍性(universalia in rem)。不过,一首乐曲和一个直观表象两者所以能产生联系,如前所说,是基于两者只是世界的同一内在本质的两种完全不同的表现。倘若在某一具体情况中确实存在这样的联系,即作曲家懂得用音乐的普遍语言表达构成某一事件之核心的意志的情感冲动,那么歌曲的旋律或歌剧的音乐必定富有表现力。不过,作曲家在两者之间发现的相似性必定来自对世界本质的直接认识,是他的理性未意识到的,不能是带着有意的目的、凭借概念的间接模仿。否则,音乐就不是表达内在本质,不是表达意志本身,而是对现象的不充分的模仿,一切专事模仿的音乐就是这么做的。①

按照叔本华的学说,我们把音乐直接理解为意志的语言,我们

---

① 叔本华《作为意志和表象的世界》第一部,Frauenstädte 版第 309 页。可参见中译本,商务印书馆 1982 年版,第 52 节,第 363—365 页。

的想象受到了激励,要去塑造那正对我们言说的、看不见的,却又如此生动活跃的精神世界,用一个模拟的实例把它体现出来。另一方面,在一种真正相关的音乐的作用下,图像和概念获得了更高的意义。狄俄尼索斯艺术对阿波罗艺术能力常产生两种作用:音乐激发人们对狄俄尼索斯的普遍性进行**比喻性的观照**,然后,音乐使比喻性的形象显得**更有意义**。从这些原本清楚的、深入观察就能达到的事实中,我推导出这样的结论:音乐能够诞生**神话**。即最重要的例证,尤其是能诞生**悲剧神话**,这种神话用比喻谈论狄俄尼索斯认识。我曾借助抒情诗人的现象说明,音乐在抒情诗人身上如何力求用阿波罗图像显示其本质。如果我们这样设想,音乐在达到最高境界时,必定要追求最高程度的形象化,那么我们必须这么看:它也会懂得为它的真正的狄俄尼索斯智慧找到象征性的表现。而除了悲剧,除了**悲剧性**这个概念,我们还能到别的什么地方寻找这种表现吗?

人们通常依据表象和美这个惟一范畴理解艺术,从这样的艺术之本质中是不可能推导出悲剧性东西的。只有从音乐精神出发,我们才能理解对个体的毁灭感到的快乐。因为这种毁灭的单个例子只向我们显示了狄俄尼索斯艺术的永恒现象,这种艺术表现了藏在个体化原理后面的万能意志,表现了超越一切现象,毁而不灭的永恒生命,对悲剧性事物的形而上快乐就是把本能的无意志的狄俄尼索斯智慧转换为形象语言:悲剧主角,即意志的最高表现被否定而令我们快乐,因为它只是现象,意志的永恒生命并未由于它的毁灭有丝毫触动。悲剧高呼:"我们信仰永恒的生命。"而音乐则是这生命的直接理念。造型艺术的目的完全不同于音乐。在造型艺术中,阿波罗通过对**现象永恒性**的赞颂克服个体的痛苦,美战胜了生命固有的痛苦。在某种意义上,痛苦受了蒙骗,从自然的表情中消失了。在狄俄尼索斯艺术及其悲剧象征中同一个自然用坦诚的声音对我们说:"你们要和我一样,在现象的千变万化中,做那永远创造、永远催人生存的、因万象变幻而获得永恒满足的原始之母!"

十七

狄俄尼索斯艺术也要让我们相信生存的永恒乐趣,不过,它要我们到现象后面,而不是在现象中寻找乐趣。我们应该认识,一切只要产生,就必须准备痛苦地灭亡,我们如何被迫注视个体生活的恐惧,然而无须吓得呆若木鸡,因为一个形而上的安慰会暂时让我们脱离那万世变化的转轮。我们在短促的瞬间确实成了原始生命本身,感到了他的不可遏制的生存欲望和生存乐趣。现在我们觉得,突入生命领域的生存形式多得不可胜数,世界意志的繁殖能力强大无比,那么,斗争、痛苦、现象的毁灭就是必要的。我们仿佛与无限的对生存的原始乐趣融为一体,在狄俄尼索斯狂喜中感到这种乐趣不可摧毁、永驻人间的那一片刻,我们被这种痛苦的愤怒之刺刺穿了。尽管我们感到恐惧和怜悯,我们依然是幸福的生者,不是作为个体,而是作为**惟一**的生者,我们和它的繁殖乐趣融为一体了。

现在,希腊悲剧产生的历史明确地告诉我们,希腊人的悲剧艺术作品确确实实是从音乐精神中诞生的,我们相信,这个思想第一次正确解释了合唱队最本初的、令人惊诧的意义。同时,我们必须承认,希腊诗人,更不用说希腊哲学家,从来没有明确透彻地领会过前面提到的悲剧神话的意义,在一定意义上,他们笔下的主角说话时比行动时更加肤浅表面,神话在所说的话语中根本得不到相应的表现。戏剧结构和生动的形象揭示了比诗人用话语和概念所能把握的更深的智慧。在莎士比亚戏剧中也可以看到同样的情形。比如哈姆雷特也是说话比行动肤浅,所以,以前提到的哈姆雷特教训不能从台词中,而只能通过深入地通观全剧才能获得。至于我们只能从剧本中读到的希腊悲剧,我早已指出,神话和台词之间的不协调很容易诱惑我们,把希腊悲剧看得比实际情况更平庸、更无足轻重,从而假定它的效果是肤浅的,而按古人的证言,其效果肯定比我们的假定更为深刻。因为我们往往忘记,诗人用言词无法做到的事情——神话的高度精神化和理想化——他作为创造性的音乐家每时每刻都能做到。自然,我们几乎只能通过学术研究的途径重构音乐效果的强大威力,去感受一点真正的悲剧所特有的无与伦比的安慰。然而,即使这种音乐的威力强大无比,我们也是很难感受,除非我们是希腊人,比起我们所熟悉的、丰富得多的音乐,高度发达的希腊音乐在我们听来似乎只是年轻的音乐天才羞答答地演唱的幼稚歌曲。正如埃及祭司所说,希腊人是永不衰老的孩子,在悲剧艺术方面也只是孩子,他们不知道,何种高贵的玩具在他们的手中产生,又毁于他们之手。

从抒情诗的发端到阿提卡悲剧,音乐精神追求形象表现和神话表现的努力不断增强,然而刚刚达到高潮,它就突然中断,从希腊艺术中消失了;而从这场斗争中产生的狄俄尼索斯世界观却在神秘的宗教仪式中保存下来,不管其形态如何变化,依然不断地吸引具有严肃天性的人。它会不会再一次作为艺术,从神秘的深渊中升腾而出呢?

这里我们要探讨的问题是,由于它的反抗而使悲剧败北的力量是否永远如此强大,能阻止悲剧和悲剧世界观在艺术上再次觉醒?如果说古老的悲剧被科学知识和科学乐观主义的辩证冲动挤出了它的发展轨道,那么我们从这一事实中可以推论:**在理论世界观和悲剧世界观**之间存在永恒的斗争。只有当科学精神到达它的极限,它对普遍有效性的要求由于极限的存在而破灭时,我们才能指望悲剧复生。我们可以举出**从事音乐的苏格拉底**作为这种文化形式的象征。在进行这种对比时,我所理解的科学精神就是首先在苏格拉底身上显现出来的对自然界可以探究、知识具有普遍疗治力量的信念。

如果我们回忆起无休止地向前挺进的科学精神的直接结果,我们马上就会看到,这种精神如何毁灭了**神话**,而由于神话的毁灭,诗歌如何被逐出它的理想的自然的家园,成了无家可归的游子。如果我们认为音乐具有再次从自身诞生神话的力量,那么我们必须到科学精神与音乐的创造神话的力量对峙的地方寻找科学精神。这一点发生在**新的阿提卡颂歌**的发展过程中,它的音乐不再表现内在本质和意志本身,而只是凭借以概念为中介的模仿,不充分地再现现象。真正的音乐天才厌恶并远离这种在内核已经变质的音乐,就像他们厌恶苏格拉底的扼杀艺术的倾向一样。阿里斯托芬怀着同样的憎恨之情,把苏格拉底本人、欧里庇得斯悲剧和新颂歌诗人的音乐视为一类,在这三种现象中嗅到了堕落文化的征象时,他的直觉本能无疑把握住了正确的东西。这种新颂歌罪不容诛地把音乐变为现象,如一场海战、一场海洋风暴的模拟画像,从而完全剥夺了音乐的创造精神的力量。因为,如果音乐迫使我们在人生和自然的某一事件与音乐的节奏形态和独特声音之间寻找外表的相似之处,借以激发我们的快感,如果音乐的目的在于让我们的理智因认识这些表面的相似之处而心满意足,那么,我们就陷入一种神话无法受孕的情绪之中。因为神话只有作为向无限的时空凝视的普遍性和真理的惟一例证才能被形象地感受到。真正狄俄尼索斯式的音乐是这样一面宇宙意志的普遍镜子,在这面镜子上折射的那个具体事件在我们的感觉中马上就扩张成为永恒真理的映象。相反,在新颂歌的音响画面中,这样的具体事件马上就丧失任何神话特性。这时,音乐变成了现象的拙劣映象,因而比现象本身还要贫乏得多。就我们的感觉而言,由于这种贫乏,现象本身也被贬低,经过这样的音乐模仿,一场战役就仅仅是军队行进的嘈杂声和军号声等等,而别无其他,我们的幻想就恰恰被固留在这些表面东西上。不管从哪个角度说,这种音响图画都是真正的音乐的创造神话之力的对立面。它使现象变得更加贫乏,而狄俄尼索斯音乐使现象更加丰富,扩展为世界观。非狄俄尼索斯精神在新颂歌发展过程中疏离了音乐,把它贬为现象的奴隶,这是非狄俄尼索斯精神的一大胜利。在一个更高的意义上,欧里庇得斯必须被看作毫无音乐气质的人,正因如此,他是新颂歌的热烈拥护者,像慷慨的强盗那样,大肆运用这种音乐中能取得效果的一切道具和手段。

如果我们把目光移到索福克勒斯以来的悲剧中**性格描写**和细致的心理刻画不断增加这一现象上,那么我们就从另一方面看到,这种非狄俄尼索斯的、反神话的精神的力量在起作用。人物性格不应扩展为永恒的典型,相反,应通过次要特征和细微区别的描绘,使人物具有细腻的确定性,给人他们是一个鲜明个体的印象,这样,观众感到的就不再是神话,而是高度的自然真实和艺术家的模仿能力。在这里我们也看到了现象战胜了普遍性,人们喜欢具体地解剖标本。我们已经呼吸到理论世界的气息,对这个世界而言,科学认识比世界法则的艺术反映更有价值。注重性格刻画的倾向迅速向前发展。如果说索福克勒斯还是描画完整的性格,为使人物性格得到精妙的表现而使神话就范的话,欧里庇得斯就已经只刻画那些情绪激昂时善于表现出来的重要的性格特征,到了阿提卡新喜剧,则只有表情**单一**的面具,他们是些轻率的老人,受骗的老鸨,狡诈的奴隶,不厌其烦地重复出现。音乐的创造神话的精神到哪里去了?现在音乐留给我们的,不是旨在刺激的音乐就是旨在回忆的音乐,也就是说,不是刺激迟钝麻木的神话的兴奋剂,就是声音图画,对于前者而言,所配的歌词几乎无关紧要了。早在欧里庇得斯戏剧中,只要他的人物或合唱队开始唱歌,台上就一片喧闹,那么轻佻,那么放纵。他那几位放肆的后继者还不把事情弄到更加不可收拾的地步吗?

但是,把这种新的非狄俄尼索斯精神表现得最清楚的是新戏剧的**结局**。在旧悲剧中,在剧本结尾处总能感觉到形而上的安慰,没有这种安慰,对悲剧的乐趣就无法解释。也许在《俄狄浦斯在科罗诺斯》一剧中,从另一世界传来最清纯的和解之声。现在,音乐天才逃离了悲剧,严格地说悲剧已经死亡,因为我们还能在哪里得到那种形而上的安慰呢?因此,人们寻求一种世俗的办法解决悲剧的不协调,悲剧英雄在经受命运的种种磨难后,总会善有善报,或缔结美满婚姻,或获得无上荣耀。悲剧英雄成了格斗士[①],在受尽折磨遍体鳞伤后,偶尔也被赐予自由。"收场白"取代了形而上的安慰。我不想说,悲剧世界观被来势汹汹的非狄俄尼索斯精神破坏殆尽;我们只知道,它不得不逃出艺术,仿佛隐入于地下,蜕化为秘教的祭祀仪式。而在希腊精神表层的最广泛领域,非狄俄尼索斯精神像疫病那样肆行无忌,并以"希腊达观"的形式出现,前面已经谈过,这种达观是一种毫无创造力的老迈的生存乐趣。这种达观与更古老的希腊人的美好的"朴素"相对立,按照其

---

① 原指古罗马的奴隶格斗士。

特征,可以把后者的"朴素"看作从幽暗的深谷里长出来的阿波罗文化的花朵,希腊意志通过美的反映取得的对痛苦和痛苦的智慧的胜利。另一种形式的"希腊达观"的最高贵形式是**理论家型人**的达观,它具有我刚才从非狄俄尼索斯精神中推导出来的那些特征:它反对狄俄尼索斯智慧和狄俄尼索斯艺术,它力图取消神话,它用尘世的和谐,甚至它自己的"收场"取代形而上的安慰,这"收场"就是机器和熔炉之神,即服务于更高的利己主义而被认可和运用的自然力,它相信可用知识匡正世界,可用科学指导人生,并且确实有能力迫使人们局限在可以解决的任务的有限范围内,它在这里欢快地冲着生活说:"我愿要你,你是值得我们探究的。"

十八

这是一个永恒的现象:贪婪的意志总能找到一种手段,借笼罩万物的幻想,把它的造物留驻人间,迫使他们生存下去。一种人是被苏格拉底式的探求知识的乐趣所羁绊,妄想通过这种探求疗治生存的永恒创伤;另一种人被眼前飘动的艺术的诱人的美丽面纱所迷惑;第三种人则迷醉于那个形而上的安慰,以为在现象的旋涡下,永恒的生命坚不可摧,奔流不息。我们姑且提出这三种情况,而不提意志随时随刻抛向人们的更庸俗更有力的幻想。这三种幻想等级只适用于品质高贵的人,他们面对生存的重负比常人有更深的反感,只有精选的兴奋剂才能蒙骗他们忘却这种反感。这些兴奋剂乃构成了我们所说的文化,根据构成的不同比例,我们就有所谓**苏格拉底**文化、**艺术**文化和**悲剧**文化。如果我们可以用历史例证的话,就有亚历山大文化、希腊文化和婆罗门文化。

我们整个现代世界陷于亚历山大文化之网中,只知道一个理想:具有最高度的认知能力、为科学效劳的**理论型的人**,其原型和始祖是苏格拉底。我们的种种教育手段原本只追求一个理想;任何其他类型的人都只能艰苦斗争,偶露峥嵘,虽被允许,却并非刻意培养。几乎让人害怕的是,长期以来,只有学者才被认为是有教养的人,连我们的诗艺也不得不从博学的模仿中发展自己,在韵律的主要效果中,我们还可以看到,我们的诗歌形式是拿一种不熟谙的、相当学究气的语言做人为试验而产生的。本身很容易理解的现代文化人**浮士德**对一个真正的希腊人来说,显得多么不可理解,他永不满足地从一个科学领域奔向另一个领域,强烈的求知欲使他不惜与魔力及魔鬼订盟。我们只要把他与苏格拉底对比一下,就会看到,现代人开始预感到苏格拉底求知欲的界限,渴望从知识的茫茫大海返回岸上。歌德有一次对爱克曼谈到拿破仑时说:"的确,我的朋友,世上也有一种行动的创造力。"①他用这句话,以天真的方式提醒我们,对于现代人来说,非理论型的人既可疑又可惊,以致人们只有借助歌德的智慧,才会认为这样一种令人诧异的生存方式是可以理解,甚至可以原谅的。

看见苏格拉底文化骨子里到底是什么时,请不要躲避!那是

---

① 爱克曼(1792—1854),德国作家,曾帮助歌德出版他的后期作品,整理和出版他的遗著及全集。辑录有《歌德谈话录》。引言见 1828 年 3 月 11 日歌德与爱克曼的谈话。

自命不凡、以为无所不能的乐观主义！倘若这种乐观主义的果实渐渐成熟,倘若一个直至最底层都受了这样的文化侵蚀的社会因骚动不安、欲求难填而战栗不止,倘若对于所有人都能得到尘世幸福的信念,对于知识有可能普及的信念,逐渐转变为要得到这种亚历山大尘世幸福的强烈要求,转变为非召唤欧里庇得斯的神机妙算不可的恳求时,请不要大惊小怪！我们应该看到,亚历山大文化要长期存在,就需要一个奴隶等级;然而,由于它对生存抱着乐观主义的观点,就否定这样一个等级的必要性,因而,一旦关于"人的尊严"和"劳动的尊严"这些美妙的蛊惑之言和安慰之言耗尽了效力,它就面临可怕的毁灭。没有比野蛮的奴隶等级更可怕的东西了,这个等级学会了一点,那就是它认为自己的生存是不公平的事,所以不但准备为自己,还要为世世代代复仇。面对这样的狂风暴雨,谁会有勇气,呼吁我们的苍白疲惫的宗教帮忙呢？这些宗教本身已经根基动摇,蜕变为学究宗教了呢。作为每种宗教的必要前提的神话,到处都已经瘫痪,即使在这个领域,我们称为我们社会的毁灭之种的乐观精神也已占了统治地位。

当潜伏在理论文化怀抱中的灾难开始让现代人感到害怕,他不安地从他的经验宝库里搜寻摆脱危险的办法,却并不太相信其功效,因而开始预感到他自己的结局时,一些眼界开阔、天赋甚高的伟人以无比慎重的态度,拿起科学这个武器,说明认知的界限和制约,从而极大地否定了科学无所不能、无所不达的观点。由于他们的证明,人们第一次认识到,那种不知天高地厚,认为可借助因果律探究事物本质的观点不过是一种妄想。**康德**和**叔本华**的非凡勇气和智慧获得了最最艰苦卓绝的胜利,即战胜了潜伏在逻辑本质中、作为我们现代文化的基础的乐观主义。这种乐观主义基于它毫不怀疑的永恒真理(aeternate veritates),相信一切世界之谜都可以认识和探索,把空间、时间、因果看作普遍有效的绝对法则;康德针对这种观点指出,这些范畴的目的只在于把纯粹的现象,即摩耶的作品,提升为惟一的、最高的现实,用它取代事物的真正本质,从而使我们不可能真正认识这个本质,用叔本华的话说就是,让梦幻者睡得更死。(《作为意志和表象的世界》第一部①)这种认识开创了一种我称为悲剧文化的文化,其最重要的特征是,智慧取代科学成为最高目的,它在科学的种种引诱面前不为所动,把坚定的目光投向世界的总体图像,力图把握其中的永恒痛苦,怀着同情和爱心把它视为自己的痛苦。让我们这样想象正在成长的一代新人,他们目光坚毅,勇往直前,这些降龙伏虎的勇士步伐坚定,意气风发,抗拒乐观主义的种种虚弱教条,以求不折不扣地"勇敢生活":那么我们要问,这种文化的悲剧人物,在进行自我教育,培养自己严肃和畏惧的品质时,岂不是必定向往一种新的艺术,形而上慰藉的艺术,把悲剧作为属于他的海伦苦苦追求?他岂非要借用歌德的话大声喊道:

我岂能不如醉如狂,

---

① 叔本华《作为意志和表象的世界》第一部,Franenstädt 版第 498 页。可参见中译本,商务印书馆,1982 年版,第 573 页。

让绝代美人重见天光?①

然而,当苏格拉底文化受到两方面的震撼,一方面害怕它自己的、现在终于有所预感的结论,另一方面它自己也不再怀有从前那种天真的信念,相信它的根基永固,所以只有用颤抖的双手才能扶住它绝对正确的权杖时,我们看到了一个凄凉的场面:它的思想如何怀着痴情翩翩起舞,一次又一次地扑向新的恋人,去拥抱她们,然后像靡非斯特抛开诱惑的拉弥亚②们那样,突然惊恐万状地抛开她们。这就是我们每个人通常称之为现代文化的原始苦恼的"断裂"的特征:理论型的人看到自己的结论大吃一惊,心感不甘却又不敢再跳进生存的可怖冰河,只得胆怯地在岸边来回踱步。他不再坚忍不拔,不达目的不休了,也不想完全体验事物的种种天然的残酷。乐观主义的观察使他变得柔弱不堪了。此外他还感到,立足于科学原则的文化一旦开始**非逻辑**思考,即逃避自己的结论,就必定走向毁灭。我们的艺术揭示了这一普遍的困境:不管人们如何模仿一切伟大的创造性时期和创造性天才,也不管人们为了安慰现代人,如何搜集全部"世界文学"放在他的身边,把他置于历代艺术风格和艺术家中间,使他得以像亚当给动物命名那样

---

① 歌德《浮士德》第二部,第7438行和第7439行,人民文学出版社,1982年版。
② 拉弥亚,希腊神话中专喝儿童血的怪物。也有神话说,拉弥亚是一凶恶的女王,因孩子被赫拉杀死而残害别人的孩子。拉弥亚引诱靡非斯特的诗文见歌德《浮士德》第二部,第7697—7810行,人民文学出版社,1982年版,第161—165页。

给他们命名,他仍然是永恒的饿鬼,是既无兴趣又无力气的"批评家",是亚历山大式的人,充其量是个一辈子吃书灰、找排印错误,为此悲惨地搞瞎眼睛的图书管理员和校对员。

十九

把苏格拉底文化称为**歌剧文化**,最清楚不过地说明了这种文化的内涵。因为在歌剧领域,这种文化以特有的天真道出了它的意愿和认识,令我们惊奇——倘若我们把歌剧的产生及其发展的事实与阿波罗精神和狄俄尼索斯精神的永恒真理加以对比的话。我首先提醒读者注意抒情调和宣叙调产生的历史。这样一种完全外化的、根本谈不上肃穆的歌剧音乐,竟被刚刚产生了帕莱斯特里那①无比崇高和神圣的音乐的时代如醉如狂地接受和爱护,仿佛一切真正的音乐又复活了,这难道能让人相信吗?另一方面,谁又想把对歌剧的兴趣如此迅速蔓延的责任,仅仅归咎于那些佛罗伦萨人的娱乐癖和戏剧演员的虚荣心呢?在同一时代,甚至在同一民族中,在整个基督教中世纪都参与建筑的帕莱斯特里那和声的

---

① 帕莱斯特里那(约 1525—1594),意大利作曲家,天主教教会音乐革新家。

拱形大厦旁,又产生了半音乐式说话方式的热情,这一现象我只能用存在于宣叙调本质中的**非艺术倾向**加以解释。

歌手多说少唱,以半唱的方式使言词抑扬顿挫、慷慨激昂,从而满足想听清歌词的观众的愿望。他通过这样的处理,使人们更容易理解歌词,剩下的那一半音乐也就迎刃而解了。现在威胁他的真正危险是:一旦他在不合时宜的地方偏重音乐,话语的激情和吐词的清晰性就势必丧失;而另一方面,他时时感到非唱不可的音乐冲动,想一展他的歌喉。这时"诗人"出来帮他的忙,给他足够的机会,让他使用抒情的感叹词,反复吟诵某些言词和警句等等,这时,歌手就处于纯粹音乐因素之中,而不顾及歌词的意义。效果强烈,然而只是半唱的说话和符合抒情调本质的全唱的感叹这两种手法的交替,迅速变换的努力——时而诉诸听众的概念和想象,时而诉诸听众的音乐本能,是完全不自然的东西,既与狄俄尼索斯艺术冲动相矛盾,又同样与阿罗波艺术冲动相矛盾,以致人们不禁推断,宣叙调的产生与任何艺术本能无涉。根据这一论述,宣叙调可定义为史诗朗诵和抒情诗朗诵的混合,但绝不是内在的稳定的混合,而是外在的镶嵌式的黏合,类似的东西在自然界和经验领域还没有过先例。**这可不是宣叙调发明者的看法**,他们以及他们的时代倒是认为,抒情调解开了古典音乐的奥秘,惟有这种奥秘才能解释俄耳浦斯、安菲翁[①]

---

① 俄耳浦斯,希腊神话中的歌手,音乐与诗歌的发明者,希腊人认为他是荷马之前最伟大的诗人。安菲翁,希腊神话中善弹竖琴的圣手。

乃至希腊悲剧何以有如此巨大的影响。这新风格被看作感染力最强的音乐、古希腊音乐的复苏。按照荷马世界**是原始世界**这个普遍的大众化的看法,人们可以沉浸在这样的梦幻中:我们现在又进入了音乐必定具有不可超越的纯洁性和威力的天堂般的人类初始时期,诗人们用他们的牧歌非常动人地描述了这种音乐的特性。这里,我们看到了歌剧这个原本现代的艺术品种最内在的形成过程,即一种强烈的需要征服了一种艺术,不过这种需要是非审美的,它是对田园生活的渴望,对具有艺术气质的、善良的人的远古生存方式的信念。宣叙调被看作古人语言的复归,歌剧则被看作以往的田园式或史诗式的美好生灵的乐土的再现。这原始生灵做任何事情都听从其自然的艺术冲动,有什么话要说时至少都要唱几句,一旦情绪稍有激动,就马上引吭高歌。对我们来说,下述情况并不重要:当时的人文主义者用这新创造的乐土艺术家形象反对教会关于人原本已经堕落的旧观念,因而应该把歌剧理解为与此针锋相对,是体现"人本善"的信条,这种信条同时也是对付那个时代的严肃之士由于对各种社会状况缺乏信念而深陷于其中的悲观主义的抚慰剂。我们认识到下面这一点就够了:这种新的艺术形式的真正魅力和产生根源在于满足一种全然非审美的需要,在于对人本身的乐观主义的颂扬和赞美,在于把古人看作天性善良而富艺术气质。歌剧的这一原则渐渐转变为咄咄逼人的可怕**要求**,面对当前的社会主义运动,我们对上述要求不能再听而不闻了。"善良的古人"要得到他的权利了,好一幅天堂的前景!

143

另外，我还要提出一点，足以清楚地证实我关于歌剧建立在和亚历山大文化相同的原则上的观点。歌剧是理论型的人的产儿，外行批评家的产儿，而不是艺术家的产儿，这是艺术史上最令人不解的事实之一。首先要听清歌词，这本是毫无音乐天赋的听众的要求；所以，只有发现一种歌词像主人支配仆人那样支配对位的唱法，人们才能期待声响艺术的再生。因为他们说，歌词比伴奏的和声高贵得多，就像灵魂比肉体高贵得多一样。在歌剧产生初期，就是按照这种不懂音乐的外行的粗俗之见处理音乐、形象和歌词的结合的。也是按照这种审美观，佛罗伦萨上流的外行圈子里由那些受庇护和赞助的诗人与歌手进行了最初的试验。不懂艺术的人恰恰凭借自己毫无艺术细胞，为自己创造了一种艺术。由于他不能感悟音乐的狄俄尼索斯深度，就把音乐意趣转变成用抒情调理智地表达激情的雄辩之言和激昂之音，转变成对歌唱技艺的刻意追求；由于他不能想象，就强迫机械师和布景师为他效劳；由于他不能把握艺术家的真正本质，就按照自己的口味幻化出所谓"艺术型原始人"，即来了激情就唱歌、说话用韵文的人。他梦想自己进入了一个激情足以产生诗与歌的时代，仿佛情绪曾经创造过艺术品似的。关于艺术过程的错误信念，即以为任何一个有感觉的人都是艺术家的天真信念，是歌剧产生的前提。就这种信念而言，歌剧是艺术外行的表现，这些外行带着理论型的人的欢快的乐观主义发号施令。

如果我们要用一个概念把上述两种对歌剧的产生起过促进作

用的观点统一起来,那么我们只能说这是**歌剧的牧歌倾向**,而且只需采用席勒的表述和解释。席勒说,自然与理想不是忧伤的对象就是快乐的对象。自然被表现为已经失去、理想没有达到时,它们是忧伤的对象;当两者被描写成现实的存在时,它们是快乐的对象。前者产生狭义的哀歌,后者产生广义的牧歌①。这里需要马上指出歌剧产生过程中的这两种观点的共同特点,即在这两种情况中,人们都不感到理想没有达到,自然已经失去。按照这种感受,人有过一个原始时代,那时,他躺在自然的怀抱中,在这种自然状态中达到了人的理想,具有伊甸园的纯洁善良和艺术天赋,我们大家都是这个完美的原始人的后裔,甚至现在还和他毫无二致,只是我们必须扔掉我们身上的某些东西,自愿放弃多余的博学和过多的文化,才能认出我们自己就是这个原始人。文艺复兴时期受过教育的人用歌剧模仿希腊悲剧,从而使自己回到自然与理想和谐一致的状态,回到伊甸园现实中。就像但丁利用维吉尔②引路那样,他利用希腊悲剧的指引来到天堂之门,从这里再继续独自前行,从模仿希腊最高艺术形式过渡到"万物的复归",去仿造人类的原始艺术世界。在理论文化的氛围中,这种勇敢的追求怀着何等的善意,充满何等的信心! 这一点只能用下述给人慰藉的信念

---

① 参见席勒《论素朴的与感伤的诗》,《席勒全集》第 20 卷,第 448—449 页(Nationalausgabe)。
② 维吉尔(前 70—前 19),古罗马诗人,代表作为《埃涅阿斯纪》。欧洲许多诗人都受过他的影响。但丁在《神曲》中以维吉尔为老师和带路人。

加以解释:"人自身"是永远德高望重的歌剧主角,是永远吹笛唱歌的牧人,他即使一时真的丢掉了本性,也总能浪子回头,本性复归,总之,他是乐观主义的果实,这种乐观主义像一股诱人的香气从苏格拉底世界观的深处飘逸而出。

所以在歌剧的外貌特征中绝无对失而不返感到的哀痛,而只有对永远失而复得感到的欢乐,对牧歌式现实的惬意,人们至少可以在任何时候把这种牧歌式现实想象为真实的存在。有人也许会隐隐感到,这种虚构的现实无非是愚蠢无比的游戏,任何一个有能力拿真实自然的可怕严肃衡量它、将它与人类初创时期的真实场面作比较的人,都必定会厌恶地冲它喊道:滚开,你这幻影!然而,倘若有人以为,大喊一声就能像赶跑鬼影那样,赶跑歌剧这样卖弄风骚的精灵,那就错了。谁想消灭歌剧,就必须与亚历山大的欢快作斗争,这种欢快在歌剧里非常天真地谈论它钟爱的看法,甚至歌剧就是它本来的艺术形式。然而,我们能期待这种非源于审美领域,而是从半道德领域偷偷潜入艺术领域,只能偶尔隐瞒它的双重渊源的艺术形式对艺术本身产生什么作用吗?除了真正的艺术之汁液,这种寄生的歌剧还能从何处汲取营养?岂非可以这样推测,艺术的最高职责——使眼睛不去注视黑夜的恐怖,通过表象这一灵丹妙药把主体从意志波动的痉挛中拯救出来——由于受其牧歌式的诱惑和亚历山大式的奉承,会蜕变为空洞的、消闲的娱乐倾向?在我分析抒情调本质时谈到的风格互相混合的情况下,狄俄尼索斯精神和阿波罗精神的永恒真理会变成什么呢?在这种混合风格中,音乐被看作仆人,歌词被看作主人,音乐被比为肉体,歌词被比为灵魂;最高目的充其量只是说明性的音响图画,类似从前新阿提卡颂歌中一样;音乐已经完全不知道作为狄俄尼索斯世界之镜的尊严为何物。于是,音乐作为现象的奴隶,只能模仿现象的形式,通过线条和比例的游戏刺激外在感官的愉悦。仔细观察就会发现,歌剧对音乐的这种灾难性影响贯穿于现代音乐发展的整个过程。潜伏在歌剧的起源和由它所体现的文化的本质中的乐观主义以惊人的速度,使音乐失去了其狄俄尼索斯的世界使命,强加给它一种玩弄形式、轻松愉快的性质。恐怕只有埃斯库罗斯的悲剧人物转变为亚历山大的乐观人物才能与上述变化相比拟。

我们在上面举例说明时,正确地指出了狄俄尼索斯精神的消失与希腊人十分引人注目的,但迄今为止尚未得到说明的变化和衰退相互关联;那么倘若有非常可靠的征兆向我们担保,在我们当代会发生**相反的过程,即狄俄尼索斯精神会逐渐觉醒**,我们心中会升起怎样的希望啊! 赫剌克勒斯的神力不可能永远为翁法勒①服役而耗尽。已经有一股力量从德国精神的狄俄尼索斯根基中崛起,它与苏格拉底文化的基本前提毫无共同之处,既不能用它加以解释,也不能用它作辩护,相反,它被苏格拉底文化视为洪水猛兽。这就是**德国音乐**,首先是从巴赫到贝多芬,从贝多芬到瓦格纳的强

---

① 翁法勒,希腊神话中吕狄亚女王。赫剌克勒斯因发疯摔死伊菲托斯,必须卖身三年为奴以赎罪,于是他被卖给翁法勒为奴。

劲而光辉的发展历程。我们时代醉心于认识的苏格拉底派,即使在最有利的情况下,又能有什么力量对抗这个从永不枯竭的深渊中升上来的魔鬼呢?我们既不能在歌剧旋律的华丽乐谱里,也不能借助赋格曲和对位法的计算表找到某个咒语,念上三遍就能制服那个魔鬼,让他开口说话。现在,我们的美学家手里拿着他们特有的"美"的罗网,追捕那个充满无限活力、在他们前面嬉闹的音乐天才,而他们自己的动作既不能用永恒美,又不能用崇高加以评价,这是多好看的一场戏啊!这些音乐施主不知疲倦地高喊"美啊!美啊!"的时候,我们真该到跟前仔细瞧瞧,看看他们是否真的表现不俗,真的像在美的怀抱里受过教育和宠爱的自然的骄子,还是说他们在为自己的粗俗寻找一件骗人的外衣,为自己的贫乏感情寻找一个审美借口。这时我就想到奥托·扬[1]。这个假仁假义的骗子可要小心德国音乐,因为在一切文化之中,正是德国音乐是惟一纯洁的、纯粹的、净化心灵之火,正像以弗斯伟大的赫拉克利特[2]所教导的那样,世界万物均来自火又归于火,反复循环。我们现在称为文化、教育、文明的一切,总有一天必将传到铁面无私的法官狄俄尼索斯面前,接受他的审判。

现在让我们回忆一下,具有同一渊源的**德国哲学**由于康德和叔本华的努力,如何通过证明科学苏格拉底主义的局限,摧毁了它

---

[1] 奥托·扬(1813—1869),德国古典考古学家和语言学家。
[2] 赫拉克利特(约前540—前470),古希腊唯物主义哲学家,认为万物的本原是"火",其他一切都是由火生成的。他的出生地以弗斯在小亚细亚西岸。

的自满自得的生存乐趣,又如何通过这一证明,引进了关于伦理和艺术的极其深刻、极其严肃的观点,我们可以把这种观点径直称为**狄俄尼索斯智慧**。德国音乐和德国哲学的统一这个奥秘如果不把我们提高到一个新的生存形式,还能把我们引向何处呢?关于这种生存形式的内容,我们只能通过希腊式类比的方法约略加以领会。为我们这些处于两种不同的生存形式的分界线上的人保存这无法衡量的价值的,是希腊榜样,在他身上,一切过渡,一切斗争,都发展成为经典的、具有教育意义的形式。只是我们现在按**相反**的顺序,以类比的方式经历一遍希腊的各个重大时期,仿佛我们现在从亚历山大时代倒退到悲剧时代。这时,我们心中会产生这样的感觉,在德国精神遭受强大的外来入侵势力长期奴役,在形式的野蛮状态中苟且偷生,成为其形式的奴隶后,仿佛悲剧时代的诞生对德国精神而言意味着回归自我,重新发现自我,令人感到幸福。现在,它回到了自己的源头,终于可以不要罗马文明的引领,在一切民族前面勇敢而自由地阔步前进。倘若它要不断地向某个民族学习,那就是向希腊人学习;向希腊人学习本身就是崇高的荣誉,罕见的奖赏。现在我们正在经历**悲剧的再生**,而且处于既不知道它来自何处,又不能说明它前往何方的危险之中,我们此时不要这些高明的导师,还更待何时?

二十

但愿有一天,一位公正的裁判经过仔细的衡量做出裁决,迄今为止,在哪个时代,在哪些人身上,德国精神曾不遗余力地向希腊人学习。如果我们充满信心地假定,歌德、席勒和温克尔曼①的极其高贵的启蒙斗争才配得上这惟一的赞誉,那么我们无论如何要补充一句:在那个时代以后,在那场斗争的直接影响以后,沿着这同一条道路进行启蒙、造就希腊人的努力令人不解地日趋衰微了。为了避免对德国精神完全绝望,我们难道不该从中引出如下结论:在某个主要问题上,即使歌德这些斗士恐怕也未能深入希腊精神的核心,未能在德国文化和希腊文化之间建立起持久的盟约。这样,那些十分严肃认真的人即使在不经意中发现这个缺陷,恐怕也会产生令人沮丧的疑问:在这些先驱者之后,在这条教育道路上,

---

① 温克尔曼(1717—1768),德国考古学家和艺术史家,著有《古代艺术史》。

他们能否比那些先驱走得更远,最终达到目的?所以我们发现,从那时以来,关于希腊人对教育的价值的评价大大降低;在思想领域的各个不同阵营里,都可以听到对这种价值表示怜悯的傲慢言论;而在别的地方,有人又说些毫无用处的漂亮话,用什么"希腊的和谐""希腊的美""希腊的达观"等等奉承卖俏。恰恰在那些本应以不倦地从希腊之河汲取养料、造福德国教育为荣的人士中,在高级学校的教师中,人们最好地学会了以某种轻捷的办法早早地了断希腊人的本事,在不少情况下干脆抱着怀疑态度放弃希腊理想,完全歪曲古典研究的真正目的。倘若他们当中还有什么人,没有在精心校勘古籍和繁琐考证文字的工作中耗尽精力,也许除了其他国家的古代文化以外,还想"历史地"掌握古希腊文化,不过,他们总是运用我们现代书写历史的方法,流露出现代历史学优于古代文化的神情。如果说在现代,高级学校的教育力量比以往任何时候都微小薄弱,如果说"新闻记者"这类"瞬间现实"的枯燥乏味的奴仆在教育的方方面面战胜了高级教师,而高级教师却像多次经历过的那样,惟有改变自己,现在也只好操起新闻记者的腔调,摆出这个行业的"优雅"风度,把自己打扮成乐观而有教养的蝴蝶①,那么这样一个现代的这样一类有教养的人士,不得不面对惟有从迄今为止未被理解的希腊精神的深处才能理解的现象,即目睹狄俄尼索斯精神的觉醒和悲剧的再生时,将陷于何等困惑的尴尬境

---

① 蝴蝶在此喻指根基浅薄的轻浮之士。

地啊！除了在现代我们目睹的以外，历史上还从未有过所谓的教育与真正的艺术互相如此疏远、如此厌恶的另一个艺术时期。我们明白如此软弱的教育为什么憎恨真正的艺术，它害怕自己因艺术繁荣而灭亡。然而，苏格拉底亚历山大文化已经走进了狭窄的死胡同（现代教育即是），这样一种文化难道不该寿终正寝吗？如果歌德和席勒这样的英雄都未能打开通向希腊神山的魔门，他们经过气概非凡的探索搏击也只能望山兴叹，就像歌德的伊菲格涅亚①从蛮荒的陶里斯隔海遥望故乡一样，那么，这些英雄的后学们还能有什么希望呢？除非受了复苏的悲剧音乐的神秘声响的震荡，在迄今为止的文化的种种努力尚未触及的另一面，神山的大门突然自己打开。

但愿没有人企图泯灭我们关于古希腊文化还会复活的信念，因为只有在古希腊文化中，我们才能找到用音乐之圣火革新和净化德国精神的希望。除了音乐，还有什么别的东西能在凋敝乏力的现代文化的荒漠中，唤醒一点对未来的令人欣慰的期望呢？我们寻找粗壮的根苗、肥沃的土地而一无所获，到处都是尘土沙石，枯枝朽木。在这样的文化荒漠里，一个绝望的独行者除了丢勒②所画的与死神和魔鬼同行的骑士，就找不到更好的象征了。这位

---

① 伊菲格涅亚，希腊神话中阿伽门农之女，特洛亚战争前，希腊军队滞留奥利斯，阿伽门农按先知之言骗伊菲格涅亚到奥利斯，准备将她献祭。她被赦免后到陶里斯做了祭司。歌德著有《伊菲格涅亚在陶里斯》一剧。
② 丢勒(1471—1528)，德国杰出画家。文中所提的《骑士、死神、魔鬼》是一幅铜版画。

骑士、死神、魔鬼

丢勒 绘

骑士披甲戴盔,目光冷峻,不受那两个可怕的同伴的影响,然而却毫无希望地带着良狗骏马,孤身一人在他选定的恐怖道路上行进。我们的叔本华就是这样一个丢勒笔下的骑士,他毫无希望,却执著于追求真理。他这样的人现在没有了。

然而,我们当代疲惫乏力的文化的凄凉荒漠一碰到狄俄尼索斯魔力,就突然发生何等巨大的变化啊！一阵狂飙把一切已经死亡的、腐朽的、破碎的、凋谢的东西,统统卷进一股红红的尘雾,像兀鹰一样将它们裹挟到空中。我们目瞪口呆地寻找已经消失的东西,而看到的景象却是:有什么东西像从地穴里升起,来到光辉灿烂的阳光下,丰满鲜活,生机盎然,充满渴望。在这洋溢着生命活力、痛苦与欢乐的氛围中,悲剧端庄而坐,神情喜悦,倾听一支从远处传来的忧伤的歌曲。这支歌吟唱生存之母,她们的名字叫幻觉、意志、痛苦。——我的朋友,请和我一起相信狄俄尼索斯的生命活力和悲剧的再生吧。苏格拉底式的人的时代已经过去。请戴上常春藤花冠,拿起酒神杖,倘若虎豹躺到你们的脚下跟你们亲近撒娇,你们无须惊讶。尽管拿出勇气,做个悲剧人物,你们会得到拯救。你们要伴随酒神游行队伍,从印度行进到希腊！你们要准备作艰苦的斗争,但要相信你们的神会创造奇迹！

二十一

我放弃这种劝诫语调,恢复沉思者应有的平静心情。此时我要再次强调,只有向希腊人学习才能懂得,悲剧的突然的、奇迹般的觉醒对一个民族的内在生存理由意味着什么。正是这个具有悲剧秘仪的民族进行了波斯战争,反过来,进行了这些战争的民族又需要悲剧作为必要的康复剂。这个民族在内心深处,受狄俄尼索斯魔力最强烈痉挛的刺激达许多世代之后,谁会想,恰恰在它身上还能十分强烈地迸发出最纯朴的政治感情、最自然的爱国情怀和最天然的男子汉的战斗意愿吗?然而,在每一次狄俄尼索斯冲动向四周蔓延时,我们总能感到,狄俄尼索斯摆脱个体束缚的努力最先表现为减少政治本能,直至漠视甚或敌视政治本能;另一方面,具有立国之力的阿波罗是个体化原理的守护神,没有对于个性的肯定,就不可能有国家和爱国意识。引导一个民族摆脱纵欲主义的路只有一条,那就是通往印度佛教之路。为了让人们能够忍受这条渴望虚无的道路，它需要那种很少出现的超越时空和个体的朦胧恍惚的境界。而造成这种境界又需要一种哲学，它教导人们通过想象去克服对于这种过渡境界的难以形成的厌恶。一个民族倘若绝对遵循政治冲动处事，必定陷入极端世俗化的道路，罗马帝国就是这种世俗化的最出色，也最可怕的体现。

希腊人处于印度和罗马之间，不得不作出选择。他们发明了第三种形式——纯粹的古典形式；这种形式诚然没有长久为他们自己所用，却因此而永垂不朽。神的宠儿往往早亡，一切事物莫不如此，然而他们却和神一起永生。我们不要指望最高贵的东西具有皮革的经久不破的韧性；罗马的民族本能所特有的牢固的耐久性未必是"完满"的必要属性。倘若我们问，希腊人在全盛时期，在狄俄尼索斯冲动和政治冲动异常强烈的情况下，是什么灵丹妙药使他们既没有醉心于兴味盎然的沉思默想，又没有一味追求世界霸权和世界声誉，而是达到了那种既让人兴奋又让人清醒的名酒所具有的美妙的混合；那么，我们必定会想起**悲剧**所具有的激发和净化全民族的生命、释放全民族的生命之力的伟大力量。只有当悲剧作为全部预防力量的化身、作为民族的最强大的和最危险可怕的性格的调解者，像当年之于希腊人那样，出现在我们面前时，我们才能约略感到它的最高价值。

悲剧吸收了音乐的狂放不羁、恣肆纵情的特性，从而使音乐臻于完善，无论希腊人还是我们当代莫不如此，但随后它又把悲剧神话和悲剧主角与音乐并列，这悲剧主角像泰坦巨神那样，背负起整个狄俄尼索斯世界,卸去了我们肩上的负担。另一方面,它又通过同一个悲剧神话,以悲剧主角的面貌,把我们从追求尘世生活的贪欲中解救出来,告诫我们还有另一种存在,还有另一种更高的快乐,战斗的英雄通过他的灭亡,而不是通过他的胜利,正充满预感地准备这份快乐。悲剧在它的音乐的普遍效力和具有狄俄尼索斯感受能力的听众之间设置了一个崇高的比喻——神话,使听众产生一种假象,以为音乐只是使神话的造型世界复活的最高表现手段。悲剧毫不怀疑这种错觉,于是手舞足蹈,跳起酒神颂舞蹈,毫无顾忌地任凭自己的感情自由宣泄,而倘若没有这种错觉,悲剧作为音乐本身是不敢奢望有这样一种放任自由的感情的。神话保护我们免受音乐的过分感染,另一方面又给予音乐最大的自由。作为回报,音乐赋予悲剧神话一种咄咄逼人的、令人信服的形而上意义,倘无音乐的帮助,光靠言词和形象是绝不能获得这种意义的。尤其要指出的是,靠了音乐,悲剧观众心中不禁产生一种最高快乐就要来临的十分可靠的预感,这最高快乐乃通向毁灭和否定之路所致,于是他仿佛听到万物之内在奥秘出言有声地向他诉说。

通过上述这番言论,我也许只能让少数人马上领悟这一深奥难解的观点,所以我在这里要鼓励我的朋友再做一次尝试,请他们考察一下我们共同体验的一个例子,做好认识普遍原理的准备。在考察这个例子时,我不包括那些借助剧情、演员的台词和情感使自己对音乐有所感悟的人,因为这些人说的母语不是音乐,即使有剧情、台词等的帮助,他们也只能到达感悟音乐的前厅,而不可能接触到音乐殿堂深处的圣物。他们中有的人,比如格维努斯①,经由这条路连前厅也到不了。我的话只针对那些与音乐非常亲近、音乐仿佛就是母亲的怀抱、仅仅通过无意识的音乐感受而与事物发生关系的人。我要向这些真正的音乐家提出这样一个问题:他们能否想象有这样的人,他在看《特里斯坦与伊索尔德》②第三幕时,无须台词和画面的帮助,就能感受到这是伟大的交响乐曲,而又保持心灵平静、呼吸自如?倘若一个人像这里听歌剧时那样,仿佛把耳朵紧贴世界意志的心房,感受到狂飙般的生存欲望像奔腾流泻的滔滔大河或水花飞溅的潺潺小溪,从这里流向世界的所有血管,他能不一下子瘫倒在地?他身处个体这样一个单薄易碎的可怜外壳之中,岂能听着从"世界黑夜的广袤空间"③传来的千百种欢呼和哀号的回响,看着这形而上的牧人轮舞,并且丝毫无阻挡地逃到他的原始故乡?如果人们能把这样一部作品当作整体感受,而又不否定个体存在,如果人们创造了这样的杰作,而又不摧毁其创造者,那么我们该如何解决这个矛盾呢?

这里,悲剧神话和悲剧英雄介入了我们最高的音乐冲动和那种音乐本身之间,从根本上说,它们只是惟有音乐才能直接言说的普遍事实的比喻。然而,倘若在我们的感受中神话是纯粹的狄俄尼索斯精神,那么,它们作为比喻在我们身旁就会毫无作用,不受

---

① 格维努斯(1805—1871),德国历史学家,著有《十九世纪史》。
② 《特里斯坦与伊索尔德》,瓦格纳所著歌剧。
③ 引自《特里斯坦与伊索尔德》。

注意,一刻也不会让我们放弃这样一件事:倾听"先于事物的普遍性"的回响。但是,这里突然迸发了一股**阿波罗**力量,凭借令人喜悦的幻觉的灵药,要让几乎被炸得粉碎的个体复原。突然间,我们觉得只看见特里斯坦呆呆地自问:"这是老调子,它为什么要唤醒我?"①以前我们觉得仿佛是从存在的中心传来的像低沉的叹息声的东西,现在却只想对我们说:大海是多么"荒凉空寂"。当我们以为自己断了气、正在死亡,种种感觉正在垂死挣扎撒手西去,只有一丝气息把我们与这个存在联系在一起时,我们看见那个受了致命伤但尚未死亡的英雄,听见他绝望的呼声:"渴望!渴望!我在垂死中渴望,我因渴望而不死!"②如果说以前经受了无数痛苦令人心力交瘁时,号角的欢呼声像最惨烈难忍的痛苦撕碎我们的心,那么现在,在我们和这个"欢呼声本身"之间站着一个面向载着伊索尔德的船欢呼的库佛那尔③。不管我们心中涌起多么强烈的怜悯之情,在一定意义上,这怜悯之情倒让我们免受世界原始痛苦,就像神话的比喻形象让我们无须直视最高世界观念,思想和语言免除了我们无意识意志的奔腾直泻。这美妙的阿波罗幻觉让我们觉得,声音王国本身仿佛像一个造型世界出现在我们眼前,仿佛在这造型世界里,像用一块质地柔软、极富表现力的材料形象地塑造了特里斯坦和伊索尔德的命运。

---

① 引自《特里斯坦与伊索尔德》。
② 引自《特里斯坦与伊索尔德》。
③ 《特里斯坦与伊索尔德》中特里斯坦的侍从。

这样,阿波罗精神使我们离开狄俄尼索斯普遍性,而醉心于个体。它让我们把怜悯之心集中于这些个体,用它们满足我们渴望伟大崇高形式的求美天性,在我们面前展示生命形象,激发我们深刻把握蕴含在它们身上的生命本质。阿波罗精神用形象、概念、伦理学说、同情心等的无比巨大的力量,一把将人从自我纵情毁灭的泥淖中拽出来,使他看不见狄俄尼索斯进程的普遍性,蒙骗他产生妄想,以为他看到了一个世界图像,比如特里斯坦与伊索尔德,而且**通过音乐**会更好地、更透彻地看见它。如果阿波罗的妙手回春的魔力能在我们心中激起幻觉,让我们以为狄俄尼索斯精神好像真的为阿波罗精神效劳,能增强其魔力的效力,甚至以为音乐本质上是表现阿波罗内容的一种艺术,那么阿波罗魔力还有什么做不到的呢?

由于预先确定完美的戏剧及其音乐要和谐一致,戏剧就达到了话剧本不可企及的最高程度的可视性。如同所有栩栩如生的舞台形象通过自主运动的旋律线条,简化为清晰的曲线呈现在我们面前那样,我们在与情节进展配合默契的和声交替变化中听到了线条的并存。通过这种交替变化,事物的关系变得清晰可闻;同样,通过这种变化我们认识到,一个人、一条旋律线条的本质只有在事物的关系中才得以淋漓尽致的显现。当音乐迫使我们比以往看得更多更内向,把舞台情节像一幅锦缎那样在我们面前展开时,在我们那神化的、内视的眼睛看来,舞台世界无限地扩大了,从里向外照得通明。一个文字诗人费尽心力,吃力地运用不完备的手段，从语言和形象出发，通过间接的办法要达到可视舞台内在的扩大和内在的光照，这样一个文字诗人能给我们提供类似的东西吗？音乐悲剧也采用语言，但它同时也摆出语言的根基和诞生地，从内在本质出发向我们阐明语言的产生。

然而我们可以肯定地说，上述过程只是一个美丽的表象，即前面提到过的阿波罗**幻觉**，这幻觉的作用在于使我们不致承受无比强大的狄俄尼索斯冲击。从根本上说，音乐与戏剧的关系恰恰应该倒过来：音乐是世界的真正理念，戏剧只是这一理念的反光，是理念的零星影像。旋律线条与生动的人物形象两者的和谐一致，和声与人物的性格关系两者的和谐一致，并不像我们观看音乐悲剧时以为的那样是真的，而是在相反的意义上是真的。不管我们怎样让人物形象生动鲜明、有血有肉、透出光泽，他始终只是现象，没有一座桥梁从这现象通向真实的现实，通向世界之心。而音乐是在世界的内心向我们诉说；无数这一类的现象会从这种音乐身旁经过，但它们永远不能体现音乐的本质，而只是它的表面映象。用灵魂与肉体是对立的这样一种肤浅的、错误的说法当然不可能解释音乐与戏剧两者的复杂关系，而只能搅乱一切。但是，我们某些美学家，天知道出于何种理由，似乎把这个关于对立的非哲学的粗俗说法看作尽人皆知的信条。而实际上，关于**现象与自在之物的对立**，他们一无所知，或者，也是天知道出于何种理由，根本不想知道。

如果说我们的分析已经表明，悲剧中阿波罗因素用它的幻觉完全战胜了音乐的狄俄尼索斯本质,并利用音乐达到自己的目的,即极其清楚地阐释戏剧;那么这里恐怕需要做一个十分重要的补充说明:在一个最根本的问题上,阿波罗幻觉被冲破了,被毁灭了。戏剧——它的全部动作和形象从内部照得清晰明了——借助音乐在我们面前展开,犹如我们看见布帛在织机上的经纬上下交织中产生。于是,戏剧作为整体达到了一种**完全不同于一切阿波罗艺术效果**的效果。就悲剧的整体效果而言,狄俄尼索斯因素又占了上风,悲剧以一种阿波罗艺术王国从未听过的声响结束。这样,阿波罗幻觉就显出了真面目:它在悲剧演出过程中一直在掩盖真正的狄俄尼索斯效果。然而,狄俄尼索斯效果非常强大,最后把阿波罗戏剧本身逼到这样一种地步,使他开始用狄俄尼索斯智慧说话,否定自己及其显性的阿波罗特征。所以,确实可以用两个神祇的兄弟联盟象征悲剧中阿波罗因素和狄俄尼索斯因素的复杂关系:狄俄尼索斯说着阿波罗的语言,而阿波罗最后又说起狄俄尼索斯的语言。悲剧以及整个艺术因此而达到了最高目的。

二十二

　　愿细心留意的朋友凭自己的经验,毫不掺杂地设想一下一部真正的音乐悲剧的效果。我想我已经从两个方面描述了这种效果的现象,我的朋友现在会懂得如何解释他自己的经验。他会回忆起,面对在他面前展开的神话,他感到自己如何上升到全知全能的境界,仿佛他的眼睛不仅仅能看到平面,而且还能穿透事物进入内部,仿佛他现在借助音乐,像看见面前许多生龙活虎般活动的线条和人物形象那样,看见了意志的翻腾波动、各种意图动机的互相争斗、各种激情构成的滔滔大河,仿佛他能下潜到无意识情感的最细微奥妙的秘密中。他一方面意识到他的追求显示和升华的本能冲动上升到了极点,另一方面却又明白无误地感觉到,这许许多多阿波罗艺术效果并**没有**在他身上引起要坚持无意志静观的幸福感,而雕塑家和史诗诗人,即真正阿波罗艺术家,通过他们的艺术作品在他身上通常唤起这种感觉。这种坚持即是在静观中达到的对个体化(individuatio)世界的辩护,此辩护乃阿波罗艺术的顶点和化身。他观看舞台上净化了的世界,却又否定这个世界。他看见眼前的悲剧英雄具有史诗般的明晰和美,却又为他的毁灭而高兴。他对剧情理解得深刻透彻,却又遁入不可理解的东西中。他感到英雄的行为入情入理,而英雄自食其果毁灭时,他又感到更加振奋。他对即将降临到英雄身上的灾难感到战栗,却又预感到有一种更高、更强烈得多的快乐。他比以往任何时候都看得更多更深,却又希望自己双目失明。倘不用**狄俄尼索斯**魔力,我们怎样才能解释这种奇妙的自我分裂、阿波罗之矛的断裂呢?狄俄尼索斯魔力表面上在刺激阿波罗冲动无比高涨,却又能迫使极度扩张的阿波罗力量为自己服务。**悲剧神话**只能理解为狄俄尼索斯智慧借阿波罗艺术手段达到的形象体现。悲剧神话引领现象世界达到它的极限,而达到极限后现象世界就否定自我,力图回到真正的、惟一的现实的怀抱。于是它仿佛像伊索尔德那样,唱起它的形而上的哀哀绝唱:

在极乐之海的

汹涌起伏的波涛里,

在大气之波的

喧嚣嘈杂的声响里,

在宇宙之气的

飘游浮动的混沌里——

淹没——沉落——

无意识——最高的快乐!①

这样,我们依据真正审美听众的经验,就清楚地看到了悲剧艺术家本人,看清他如何像体态丰盈的个体化之神创造他的人物形象,在这个意义上,他的作品几乎不能看作"对自然的模仿";然后,他的强大的狄俄尼索斯冲动又如何吞食这整个现象世界,让人们在现象世界的背后,并且通过它的毁灭,感受太一怀抱中的最高的艺术的原始喜悦。自然,我们的美学家们说不出片言只语,讨论这种复归原始家园的现象,讨论悲剧中两个艺术之神的兄弟联盟以及听众的阿波罗兴奋和狄俄尼索斯兴奋。相反,他们不厌其烦地把英雄与命运的搏斗、世界道德秩序的胜利或由悲剧引起的感情宣泄,作为真正悲剧性的东西而大谈特谈。他们的这种"执著"令我想到,他们根本不想成为有美感的人,在看悲剧时也许只能被看作道德家。从亚里士多德以来,还没有人对悲剧效果做过可从中得出有关艺境和听众审美活动的推断的解释。时而有人说,应该用严肃事件迫使同情和恐惧发泄出来,以放松心情;时而又有人说,优良而崇高的原则取得胜利,英雄为道德世界观献身时,我们应该感到振奋鼓舞。我确信,对许多人来说,这就是悲剧效果,而且也只有这才是悲剧效果;这一点清楚地表明,所有这些人连同他们的美学家对于作为最高**艺术**的悲剧毫无所知。这种病态的发泄,这种亚里士多德的道德净化,语言学家不知道该把它归入医学现象还

---

① 这是《特里斯坦与伊索尔德》剧中伊索尔德在剧本结束时的唱词。

是道德现象,它让人们想起歌德的一个奇特的感觉。歌德说:"我没有浓厚的病理兴趣,从未成功地处理过悲剧场景,因此我宁可避免,而不是寻找这类场景。在古人,最高激情只不过是审美游戏,难道这是他们的一大优点?而我们必须依靠自然真实的参与才能创作这样的作品。"①我们在音乐悲剧中惊异地体验了,最高激情确确实实可能只是审美游戏,所以我们可以依据我们美好的经验,对上述这个深刻的问题作肯定的回答。因此我们可以认为,只有现在才能较为成功地描述悲剧性这一原始现象。谁到现在还只能从非审美领域谈论悲剧效果,而不能超出病理与道德过程,那他只能怀疑自己的审美天性,我们则要建议他照格维努斯的方式去解释莎士比亚,孜孜不倦地探索"诗的公正",作为无辜的替代物。

随着悲剧的再生,**审美听众**也再次诞生,迄今为止,坐在剧场听众席上的通常是"批评家"——古怪的半吊子,既有所谓道德要求,又有所谓学识要求。在他迄今为止的天地里,一切都是人为的,只是刷了一层生活的外表。演员真不知道该怎样应付这种吹毛求疵、装模作样的听众,因而和给他灵感的剧作家及歌剧作曲家一起,不安地在这些枯燥乏味、不会享受的造物身上搜寻生命的最后一点痕迹。而迄今为止,观众就是这样的"批评家";大学生、中小学生乃至天真无邪的女子,不知不觉中受了学校教育和报刊的影响,学会了以同样的方式去感受一部艺术作品。艺术家中的佼

---

① 歌德1797年12月18日致席勒的信。

佼者指望这样的观众身上道德与宗教力量的感应,在强大的艺术魅力本应愉悦真正的听众的地方,只能代之以"道德规范"的呼唤。或者,剧作家把当代政治与社会的比较重大的,至少能激动人心的倾向如此清晰地表现出来,让听众忘记了他的批评本性,产生遇到诸如爱国场面、战争时刻、议会辩论、判决罪犯时所产生的类似情感。这种对真正的艺术意图的背离必定处处导致倾向崇拜。在一切伪艺术中一向发生的事,在这里也发生了:倾向急剧变质衰落,比如把剧场用作对民众进行道德教育的场所的倾向,在席勒时代盛极一时,现在已被看作陈旧过时的教育的不可置信的古董了。当批评家在剧场和音乐会、记者在学校、报刊在社会取得支配权后,艺术就沦为低级趣味的消遣娱乐,美学批评成为空洞无聊、漫无边际、自私自利、陈腐乏味的社交活动的联系手段,这种社交活动的目的意义叔本华在一则写豪猪的寓言里作了说明①。结果,关于艺术,我们这个时代说的空话比以往任何时代都多,给予的尊重却最少。但是,我们能与一个能够拿贝多芬和莎士比亚作谈资自娱的人打交道吗?每个人都可以按自己的感觉回答这个问题。不过他的回答会证明,他所设想的"教育"是什么,当然其前提是,他力图回答这个问题,而不是惊得目瞪口呆。

另一方面,某些品质高尚、感情细腻、富有天赋的人,虽然也按

---

① 叔本华写过一篇《豪猪》的寓言,讲的是豪猪既需要挨着其他豪猪,借它们的体温温暖自己,又不能靠得太近,挨着它们的刺难受,所以力图找到互相之间最合适的距离。

上述方式逐渐变成具有批评癖好的野人,但在看了一场成功的《罗恩格林》①演出后,还能向人讲述演出在他身上引起的出乎意料而又完全不可理解的效果;只是他身边——也许——少了一个能向他指点进言的人,因而,演出时曾震撼他心灵的那种奇异的、无与伦比的感觉只是零星感受而已,像不可捉摸的星辰那样倏忽一闪就熄灭了。他在那短暂的一瞬曾隐隐感到,何为审美听众。

---

① 《罗恩格林》,瓦格纳根据中世纪传说中的英雄写的歌剧。

二十三

谁想自己确切地检验一下,他是与真正的审美听众相通呢,还是属于具有批评倾向的苏格拉底式人之列,他只须坦率自问,他在看到舞台上演出的**奇迹**时有何感觉:他是觉得他的遇事就要问严密的心理因果关系的历史意识受到伤害呢,还是以宽容善意的态度,把这种奇迹当作童心可以理解,而他觉得陌生的现象加以认可,抑或他有其他感受。他可以据此衡量,他是否有能力理解**神话**,理解这浓缩的世界图像;而神话作为现象的缩影是不能缺少奇迹的。但情况也许是这样的,倘若我们加以严格的考察,几乎每个人都觉得自己受到了我们当代教育的历史批判精神的强烈侵蚀,因而只能经由学术之路,通过抽象概念的中介,才相信以往存在过神话。但是,没有神话,任何文化都会丧失其健康的创造性的自然力,只有神话环抱的视野才能将整个文化运动建构为统一体。一切想象力,一切阿波罗梦幻的力量,只有借助神话,才能摆脱毫无目的的四处游荡的状况。神话的形象必定是不被察觉而又无处不在的具有魔力的守护人,年轻的心灵在它的保护下成长,成年男子用它的象征解释他的生活和斗争。甚至国家也不知道有比神话基础更强有力的不成文法,正是这神话基础让人确信国家与宗教互为依存,国家产生于神话观念。

现在请诸位比较一下没有神话指引的抽象的人,抽象的教育,抽象的习俗,抽象的法律,抽象的国家;请设想一下不受本地神话约束、随意游荡的艺术想象力;请想一想没有坚实而神圣的发源地的文化注定要耗尽种种机遇,可怜巴巴地靠其他一切文化为生——这就是现代,旨在消灭神话的苏格拉底主义引起的结果。现在,没有神话依托的人永远饥肠辘辘,在所有已成过去的历史时代下面又刨又挖,寻找自己的根,哪怕最遥远最偏僻的古代,也要挖它一遍。永不满足的现代文化怀着巨大的历史需要,把无数其他文化集于自己周围,耗尽心力求索知识,这一切倘不表明神话、神话家园和神话母腹统统都已丧失,还能表明什么呢?各位不妨自问,这种文化的如此狂热、如此可怕的亢奋骚动,倘不是饿鬼饥不择食、乱抓乱刨,还能是什么呢?这种文化不管吞食什么都不能饱腹,最富营养、最有滋补效力的食物经他一碰就往往变成"历史和批评",谁还愿意对它有所赠予呢?

如果我们德国精神也同我们在文明的法国惊恐地发现的那样,与德国文化不可分解地联结在一起,甚至变成一体的话,我们恐怕要对它感到绝望而痛苦了。长期以来作为法国的伟大优点，使法国雄踞大国地位的原因的东西，即民族与文化的合一，使我们深感幸运，庆幸我们很成问题的文化至今与我们国民性的高贵核心毫无共同之处。我们的所有希望都日思暮想地期待这样一种感受，即在骚动不安的文化生活和教育痉挛背后隐藏着一种壮美的、内心健康的古老力量，这力量当然只在伟大的时刻才强劲地搏动一下。然后又复归平静，梦想着未来的觉醒。正是这深深的根基产生了德国宗教改革运动，在这运动的赞美诗里首次响起了德国音乐的未来旋律。路德①赞美诗的音调多么美好温柔，深沉勇敢，充满感情，犹如春天来临时，从茂密的丛林里传出的第一声狄俄尼索斯召唤。与这召唤唱和的是狄俄尼索斯信徒肃穆而热烈的游行队列，我们感谢他们催生了德国音乐，我们还将感谢他们促使**德国神话的再生**！

我知道，我现在必须把热心追随的朋友带到一块同伴不多的独思静观的高地上，并用鼓励的口吻对他说，我们要紧紧追随我们光辉的向导希腊人。迄今为止，我们已经从他们那里搬来了两个神像，以净化我们的美学认识，这两个神祇各自都统治着一个艺术王国，我们通过希腊悲剧感觉到了两者的互相接触和互相提高。我们觉得，这两种艺术的原始冲动的奇怪的互相排斥导致了希腊悲剧的没落，与此相应，希腊国民性发生了蜕变和转化，这促使我

---

① 马丁·路德(1483—1546)，德国宗教改革运动发起人，新教路德宗的创始者。

们严肃思考,艺术与民族、神话与习俗、悲剧与国家,在根基上是如何必然而紧密地交织在一起。悲剧的没落同时也是神话的没落。在此以前,希腊人总是不由自主地把他们的种种经历马上与他们的神话联系起来,甚至只有通过这种联系才能理解他们的经历。由此,他们觉得此刻发生的事情马上就进入永恒范畴,在某种意义上成为超越时间的东西。国家也好,艺术也好,都潜入这条超时间的河流中,以摆脱此时此刻的负担和贪欲而得到安宁。一个民族只有能够给自己的经历打上永恒的印记,才是有价值的,个人亦复如此。因为这样,这民族仿佛就超脱了尘世,显示了它本能的内在信念:时间是相对的,生活具有真正的即形而上的意义。当一个民族开始以历史的眼光看待自己,捣毁周围的神话堡垒时,就会发生与此相反的情形。与此相联系的是坚定的世俗化倾向,与早期生活的无意识形而上的决裂,且表现于一切伦理后果中。希腊艺术,尤其是希腊悲剧,首先阻止神话的灭亡。所以只有毁灭艺术,尤其是悲剧,才能脱离故土,毫无约束地生活在思想、习俗和行动的荒郊野地里。就是现在,那种形而上冲动还在试图用生存欲望强烈的科学的苏格拉底主义为自己创造一种哪怕较为缓和的神化形式。然而在低级阶段,这种冲动只能导致急不可耐的胡找乱寻,从而渐渐陷入聚集着来自四面八方的神话和迷信的魔窟,在这魔窟中间坐着那位希腊人,还在不满足地寻找,直至他像格拉库卢斯那样,学会用希腊的达观和希腊的轻浮掩盖这种狂热,或者拿某种散发出东方霉气的迷信完全麻醉自己。

自从亚历山大—罗马时代在十五世纪得到复苏,经过很长一段难于描述的间歇期后,我们身上十分令人注目地出现了同样的情形:同样的过于旺盛的求知欲,同样的永不满足的探索乐趣,同样的极度的世俗化倾向,此外还有居无定所的四处游荡,掠人之美的贪馋唐突,对此时此刻的轻率崇尚或对一切世俗东西即"现时"的昏昏然的离弃。这些同样的征兆让我们猜想到,这种文化的核心存在同样的缺点,想到神话的灭亡。长期成功地移植外来神话,而又不因移植严重伤害本土文化的树干,看来几乎是不可能的。这棵树干也许十分健壮,足以经过艰苦卓绝的斗争重又排除外来因素;但通常情况是,它必定枯萎凋败,或者由于病态地疯长而备受煎熬。我们坚信德国精神具有纯粹而坚强的核心,所以恰恰期待它而不是别的什么东西能够排除强行移入的外来因素,而且相信德国精神有可能进行自我反省。有人也许会说,德国精神应以排除罗马文化因素开始这场斗争,他也许是在最近这场战争①中德国人的英勇善战和无上荣光中看到了进行这场斗争的表面准备,并受到鼓舞。其实,内在的紧迫感必须到这样一场竞赛中寻找,即比一比谁能始终无愧于这条路上路德这样的崇高先驱者和伟大的艺术家与诗人。但愿他永远不相信,没有自家的神祇,没有自己的神话故土,没有一切德国事物的"复归",他能进行类似的斗争!倘若德国人胆怯地

---

① 指1871年普法战争。

环顾四周,寻找一位带领他重返早已失去的、他不再认识其路径的故园的向导,那么他只需倾听狄俄尼索斯之鸟欢快的鸣叫,它正在他头上盘旋,愿为他指点归途呢。

二十四

在音乐悲剧所特有的艺术效果中,我们特别指出了阿波罗**幻觉**,这幻觉使我们不致直接与狄俄尼索斯音乐融为一体,而我们的音乐激情却可以在阿波罗领域和介于其间的一个明显的中间世界得到宣泄。这时我们似乎看到了,由于这种宣泄,戏剧进程的中间世界乃至整个戏剧由里而外变得清晰易懂,其清晰易懂的程度在其他一切阿波罗艺术里是无法达到的。因而,在阿波罗艺术仿佛受音乐精神的激励而高扬的地方,我们不得不承认它的力量得到了最大的发挥,在阿波罗精神和狄俄尼索斯精神的兄弟联盟中,两者的艺术意图得到了最高体现。

当阿波罗图像被音乐由里而外照亮时,自然没有达到较弱程度的阿波罗艺术所特有的效果。史诗和雕塑所能达到的,即迫使观赏的眼睛对个体化世界感到赏心悦目,在这里是不可能达到的,尽管戏剧更加有血有肉、鲜明清晰。我们观看戏剧,以入木三分的目光深入到它内部不平静的动机世界——然而我们却觉得,仿佛只有一个象征形象在我们身旁掠过,我们相信已经差不多猜到了它包含的深层意义,希望像一层帷幕那样把它拉开,看看幕后的原始图像。最清晰的图像也不能让我们满足,因为它仿佛既在揭示什么,又在掩盖什么。它一方面似乎以其象征性的启示要求我们撕开纱幕,揭开神秘的背景;另一方面,正是那种通明透亮、一看见底的特性迷住了我们的眼睛,阻碍它突进更深层的地方。

谁没有既要观看,又渴望超越观看的体验,就很难想象,在观看悲剧神话时,这两个过程是如何确定而清晰地同时并存,同时被人们感受到。而真正的审美观众会向我证实,在悲剧特有的效果中,要数这两个过程的并存最奇特了。只要把审美观众的这一现象移译到悲剧艺术家的一个类似过程上面,就可以理解**悲剧神话**的起源了。悲剧神话与阿波罗艺术领域一起共享对于表象和观看的巨大快乐,同时它又否定这种快乐,由于可视的表象世界的毁灭而获得更高的满足。悲剧神话的内容首先是颂扬进行战斗的英雄的史诗事件。英雄命运中的痛苦,极其惨烈的征服,充满痛苦的动机冲突,简言之,说明西勒尼智慧的例证,倘用美学术语表达,就是丑陋与不和谐的东西,人们总是怀着偏爱,一而再,再而三地用无数不同的形式重新加以描绘,而且恰恰在一个民族最旺盛、最有生气的时期。如果人们不是对所有这一切感到一种更高的快乐,那么我们该如何解释这个谜一样的特征呢?

因为,一种艺术形式的产生,很少能用现实生活确实很悲惨这一现象加以解释。艺术不只是自然现实的模仿,而且是自然现实的形而上补充,是为了克服自然现实而与它并列的。悲剧神话属于艺术,就这一点而言,它也完全具有艺术的形而上神化意图。但是,倘若它透过受苦的英雄的形象向人们展示现象世界,那么它神化的是什么呢?它神化的恰恰不是这个现象世界的"现实",因为它对我们说的正是这样一番话:"瞧!仔细瞧瞧!这就是你们的生活!这就是你们的生活之钟的时针!"

难道神话展示这种生活,是为了在我们面前神化它?倘若不是,那么那些画面在我们眼前掠过时,我们何以有审美愉悦呢?我问的是审美愉悦,不过我知道,许多这类画面除了审美愉悦,有时还能引起表现为同情或道义胜利的道德愉悦。但是,谁如果像美学界长期以来流行的那样,只想拿这些道德渊源解释悲剧效果,那么他就别指望他为艺术做出了什么贡献。艺术在自己的领域首先要求纯洁。就解释悲剧神话而言,首要的要求是,在纯粹审美领域寻找它特有的愉悦,而不可进入同情、惧怕、道德与高尚等领域。丑陋与不和谐,即悲剧神话的内容,怎么能引起审美愉悦呢?

现在我有必要重复以前谈过的一个观点,以使我们勇敢地跨进艺术的形而上领域,这观点就是:世界似乎只有作为审美现象才有存在的理由。在这个意义上,正是悲剧神话要使我们相信,连丑陋与不和谐的事物也是永远乐趣横生、富于活力的意志和自己玩耍的审美游戏。不过,我们只有在**音乐的不谐和音**的奇特意义中才能清楚而直接地理解狄俄尼索斯艺术的这一难以捉摸的原始现象,正如只有与世界并列的音乐才能说明,什么是作为审美现象的世界存在的理由。悲剧神话引起的愉悦与音乐中不谐和音所唤起的愉快感觉的根源是相同的。狄俄尼索斯因素及其甚至对痛苦感受到的原始快乐是音乐和悲剧神话的共同母腹。

我们借助于不谐和音的音乐关系,不是使悲剧效果这个难题大大的变得简单了吗?现在我们终究可以理解,在悲剧中既要观看又渴望超越观看,到底意味着什么了。涉及艺术上所运用的不谐和音,我们对这种状况可以作如下刻画:我们既想倾听,又渴望超越倾听。在对清晰感受到的现实产生极大的愉悦时对无限的追求,渴望之翅的搏击,这一切都提醒我们,必须把这两种状态看作同一种狄俄尼索斯现象,它不断地向我们展示一种原始快乐引起的结果,即人们如同玩耍般地建造复又毁坏个体世界,这种情形与古代哲人赫拉克利特的一个比喻很相近:他把创造世界的力量比作一个拿石块沙子玩耍,不断地垒石头堆沙堆又把它们推倒的儿童。

要正确估价一个民族的狄俄尼索斯能力,我们不仅要考虑该民族的音乐,而且必须考虑该民族的作为此种能力第二证人的悲剧神话。鉴于音乐与神话的关系十分密切,我们同样可以推测,一方的变质蜕化必导致另一方的凋败,正如狄俄尼索斯能力的衰微体现于神话的衰落之中。只要看看德国精神的发展,我们就不会对这两者产生怀疑了。无论歌剧还是我们缺少神话的生活,无论沦为娱乐的艺术还是由概念支配的生活,处处都向我们显露了苏格拉底乐观主义的既缺乏艺术性,又摧残生命的本性。然而我们可以欣慰的是,有迹象表明,尽管有上述种种缺陷,德国精神依然健康、深沉,具有狄俄尼索斯力量,坚不可摧,犹如一位沉睡的骑士,在深不可及的深谷里酣睡。从这深谷里向我们飘来狄俄尼索斯歌声,它要让我们明白,即使现在,这位德国骑士也还以种种甜美而又严肃的幻觉做着古老的狄俄尼索斯神话之梦。不要以为德国精神已经永远失去了它的神话故乡,它还清清楚楚地听到了飞鸟讲述那神话故乡的鸣叫之声。终有一天,它会从沉睡中醒来,精神焕发,朝气蓬勃,斩杀凶猛的蛟龙,铲除狡猾的小人,唤醒布伦希尔德①。这时,哪怕奥丁②的长矛利剑也休想挡住它的去路。

我的朋友,你们相信狄俄尼索斯音乐,所以你们也知道悲剧对我们意味着什么。我们在悲剧中看到了悲剧神话,它从音乐中再生了;在悲剧神话中,我们可以希望一切,忘掉最痛苦的事情!而对我们大家来说,最大的痛苦莫过于德国创造精神失去家园和故乡,长期臣服于狡猾小人的屈辱。你们明白这番话的意思,最终也会明白我的希望。

---

① 布伦希尔德,中世纪英雄史诗《尼伯龙根之歌》中女主角之一,冰岛女王。
② 奥丁,日耳曼民族的神,既是风神、死神,又是战神。

二十五

　　音乐和悲剧神话都是一个民族狄俄尼索斯能力的表现,彼此不可分离。两者都源于阿波罗精神彼岸的艺术领域;两者都给一个领域蒙上一层神光,在这个领域快乐的和谐中,不谐和音和可怕的世界图像都迷人地渐渐消逝;两者都自信有巨大的艺术魅力,拿反感不快之刺戏耍;两者都用这游戏为哪怕"最坏的世界"的存在辩护。在这里,与阿波罗精神相比,狄俄尼索斯精神表明自己是永恒的、本原的艺术力量,是它产生了整个现象世界,而为了使这个有了生命的个体化世界继续生存下去,在这现象世界的中间需要一片新的神光。倘若我们可以设想,这不谐和音化身为人——人不是它的化身还能是什么呢?——那么,这不谐和音为了能生存下去就需要美妙的幻觉,用它的美丽面纱蒙住自己的本来面目,这就是阿波罗精神真正的艺术意图。我们把美丽表象的无数幻觉统统归在阿波罗的名下,正是这些幻觉随时随地使得生存具有被体验一番的价值,促使人们去经历下一个瞬间。

在这个过程中,从一切存在的基础,从世界的狄俄尼索斯根基进入人类个体的成分的多少要与阿波罗的神化力量所能消化克服的成分相适应。其结果是,这两种艺术冲动只能遵循永恒公正的法则,按照严格的比例,发展各自的力量。狄俄尼索斯力量发展得过于强大时——正如我们现在所经历的那样——阿波罗必定已经裹着云彩向我们降落,下一代人就会看到它无比丰硕的美的效果。

每个人哪怕在梦里,只要有过回到古希腊生活中的感觉,就会直觉地、确定地感到,这种效果是必要的。当他在雄伟的爱奥尼亚柱廊下漫步,仰望一块镶嵌在纯洁高贵的线条中的天空,身边光洁闪亮的大理石柱上映照着自己神采奕奕的形象,周围是庄重行进或举止文雅的人们,他们声音和谐,姿态得体,面对这数不胜数、不断涌来的美景,他怎能不向阿波罗举起双手,高声喊道:"啊,幸福的希腊人!如果得洛斯神①认为必须用如此强大的魔力来医治你们的酒神狂热,可见你们的狄俄尼索斯是多么伟大啊!"年迈的雅典人也许会抬起埃斯库罗斯的崇高目光,仰望萌发如此心绪的人,回答他的感叹:"可是,奇怪的外乡人啊,你倒说说,这个民族为了达到如此壮美的程度,承受了多少苦难啊!现在且跟我去看悲剧,和我一起到两位神祇的庙宇里献祭吧!"

---

① 得洛斯神,即阿波罗神。勒托怀了阿波罗和阿耳忒弥斯后,嫉妒的赫拉不许她在陆地上分娩,勒托只好到得洛斯岛上生下这对孪生兄妹。得洛斯岛是古希腊阿波罗崇拜的主要中心之一。

"外国文艺理论丛书"书目

第 一 辑

书 名	作 者	译 者
柏拉图文艺对话集	〔古希腊〕柏拉图	朱光潜
诗学	〔古希腊〕亚理斯多德	罗念生
古代印度文艺理论文选	〔印度〕婆罗多牟尼 等	金克木
诗的艺术(增补本)	〔法〕布瓦洛	范希衡
艺术哲学	〔法〕丹纳	傅雷
福楼拜文学书简	〔法〕福楼拜	丁世中 刘方
波德莱尔美学论文选	〔法〕波德莱尔	郭宏安
驳圣伯夫	〔法〕普鲁斯特	沈志明
拉奥孔(插图本)	〔德〕莱辛	朱光潜
歌德谈话录(插图本)	〔德〕爱克曼	朱光潜
审美教育书简	〔德〕席勒	冯至 范大灿
悲剧的诞生	〔德〕尼采	赵登荣
艺术与现实的审美关系	〔俄〕车尔尼雪夫斯基	周扬
卢那察尔斯基论文学	〔苏联〕卢那察尔斯基	蒋路
小说神髓	〔日〕坪内逍遥	刘振瀛